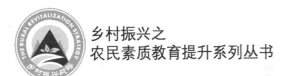

乡村振兴之
农民素质教育提升系列丛书

U0348268

秸秆综合利用技术

◎ 马金霞　关金菊　刘芳珍　主编

中国农业科学技术出版社

图书在版编目（CIP）数据

秸秆综合利用技术 / 马金霞，关金菊，刘芳珍主编 . —北京：
中国农业科学技术出版社，2021.4（2021.7重印）

（乡村振兴之农民素质教育提升系列丛书）

ISBN 978-7-5116-4581-4

Ⅰ . ①秸… Ⅱ . ①马… ②关… ③刘… Ⅲ . ①秸秆－综合利用
Ⅳ . ①S38

中国版本图书馆 CIP 数据核字（2019）第 293597 号

责任编辑　张国锋
责任校对　李向荣

出 版 者	中国农业科学技术出版社
	北京市中关村南大街12号　　邮编：100081
电　　话	（010）82106636（编辑室）　（010）82109702（发行部）
	（010）82109709（读者服务部）
传　　真	（010）82106631
网　　址	http：// www.CASTP.cn
经　　销	全国各地新华书店
印 刷 者	北京建宏印刷有限公司
开　　本	850mm×1 168mm　1/32
印　　张	4.75
字　　数	120千字
版　　次	2020年1月第1版　　2021年7月第5次印刷
定　　价	26.00元

《秸秆综合利用技术》

编委会

　　我国既是粮食生产大国，也是秸秆生产大国。近年来，我国农村一些地区农作物秸秆随意抛弃、焚烧现象比较普遍，不仅导致环境污染，还带来严重资源浪费。秸秆其实是一种具有多种用途的可再生生物资源。通过多种途径综合利用秸秆，能够缓解农村能源、饲料、肥料、工业原料和基料的供应压力，有利于改善农村的生活条件，发展循环经济，构建资源节约型社会，促进农村经济可持续发展。

　　本书首先对秸秆的概念、组成、焚烧危害、利用途径、秸秆资源现状等基本知识进行了概述，接着从秸秆肥料化利用技术、秸秆饲料化利用技术、秸秆能源化利用技术、秸秆原料化利用技术、秸秆栽培食用菌技术五大利用途径，对秸秆的综合利用进行了详细的阐述。结构清晰有序，内容丰富实用，语言通俗易懂，对于农民朋友学习和了解秸秆综合利用技术有很强的指导作用。

　　由于时间仓促，水平有限，书中难免存在不足之处，欢迎广大读者批评指正。

编　者

2019年6月

CONTENTS 目 录

第一章
概述

第一节 秸秆的概念和组成

一、秸秆的概念

秸秆是指各类农作物在获取其主要农产品（籽实）后在田间剩余的茎叶部分。

按照作物种类分类，秸秆可分为大田作物秸秆和园艺作物秸秆。大田作物秸秆包括禾谷类作物、豆类作物和薯类作物等粮食作物秸秆，以及纤维类作物秸秆、油料类作物秸秆和糖料类作物秸秆等经济作物秸秆。园艺作物秸秆包括草本的蔬菜、果树和花卉作物的秸秆，但不包括苹果、柑橘等木本作物修剪或其他操作产生的剩余物。由于园艺作物种植面积小，作物种类多且准确评估秸秆量有一定的难度，因此农作物秸秆一般不考虑园艺作物秸秆，仅指大田作物秸秆（图1-1、图1-2）。

图1-1　小麦秸秆　　　　　　　图1-2　玉米秸秆

二、秸秆的组成

大田作物的植株由根、茎、叶、花和籽实等器官组成，其中茎和叶是秸秆的主要组成部分。

1. 茎

大田作物的茎呈圆筒状，茎中有髓或空腔。茎可分为若干节，节与节之间的部分称为节段，每节间的坚硬圆实部分称为节。节段的数目随不同作物或品种而不同，水稻和小麦的茎秆比较细软，地上部分有5~6节，节间中空，曲折度大，有弹性。玉米和高粱的茎为实心，茎高大，地上部分有17~18节，节间粗、坚硬、不易折断。玉米植株顶端有雄穗，植株中间有雌穗，穗外有苞叶，苞叶包着生在穗轴上的籽粒。

大田作物茎的节间横切面上有3种系统：表皮系统、基本系统和维管系统。大田作物表皮只有初生结构，一般为一层细胞，通常角质化或硅质化，以防止水分过度蒸发和病菌侵入，并对内部其他组织起保护作用。各种器官中数量最多的组织是薄壁组织，也称基本组织，它是光合作用、养分贮藏、分化等主要生命活动的场所，是作物组成的基础。维管束都埋藏贯穿在薄壁组织内。在韧皮部、木质部等复合组织中，薄壁组织起着联系作用。

在维管系统中，除薄壁组织外，主要有木质部和韧皮部，两者相互结合。小麦、大麦、水稻、黑麦、燕麦茎中维管束排成2圈，较小的一圈靠近外圈，较大一圈插入茎中。玉米、高粱、甘蔗茎中的维管束则分散于整个横切面中。木质部的功能是把茎部吸收的水分和无机盐，经茎输送到叶和植株的其他部分。韧皮部则把叶中合成的有机物质输送到植株的其他部分。

2. 叶

大田作物的叶通常是单叶，由叶片和叶鞘组成。叶片扁平狭长，呈线形或狭带形，具有纵向的平行脉序，并有叶舌和叶耳。叶片和叶鞘相接处的腹面内方有一膜质向上突出的片状结构称为叶舌；叶舌两侧片状、爪状或毛状伸出的突出物称为叶耳。

叶是进行光合作用的主要器官。大田作物叶的组织与茎有点相似，叶片分为表皮、叶肉和叶脉3部分。

叶的表皮结构比较复杂。表皮细胞在正面观察时呈长方形，外壁角质化并含有硅质，故叶比较坚硬而直立。大田作物的叶肉没有栅栏组织和海绵组织的分化，为等面叶。叶脉由木质部、韧皮部和维管束鞘组成，木质部在上，韧皮部在下，维管束内无形成层，在维管束外面有维管束鞘包围，叶脉平行地分布在叶肉中。

第二节　秸秆的焚烧危害与利用途径

一、秸秆焚烧的危害

1. 污染空气环境，危害人体健康

小麦和油菜的秸秆中含有氮、磷、钾、碳、氢元素及有机硫等。特别是刚收割的秸秆尚未干透，经不完全燃烧会产生大量氮氧化物、二氧化硫、碳氢化合物及烟尘，其中氮氧化物和碳氢化合物在阳光作用下还可能产生二次污染物臭氧等。而且焚烧秸秆时，大气中二氧化硫、二氧化氮、可吸入颗粒物3项污染指数达到高峰值。当可吸入颗粒物浓度达到一定程度时，对人的眼睛、鼻子和咽喉含有黏膜的部位刺激较大，轻则造成咳嗽、胸闷、流泪，严重时可能导致支气管炎发生（图1-3）。

图1-3　秸秆焚烧带来的空气污染

2. 降低土壤肥力，造成耕地质量下降

农作物秸秆中不仅含有大量纤维素、木质素，还含有一定数量粗蛋白、粗脂肪、磷、钾等营养成分和许多微量元素。在田间焚烧秸秆，仅能利用所含钾的40%，其余氮、磷、有机质和热能则全部损失，非常不利于土壤培肥。焚烧秸秆还使地面温度急剧升高，直接烧死、烫死土壤中的有益微生物，影响作物对土壤养分的充分吸收，直接影响农田作物的产量和质量，影响农业收益。

3. 引发火灾，威胁群众的生命财产安全

秸秆焚烧极易引燃周围的易燃物，尤其是在村庄附近，一旦引发火灾，后果将不堪设想。

4. 影响道路交通和航空安全，引发交通事故

燃烧秸秆形成大量的烟雾，大大降低能见度，降低可见范围，严重干扰了正常的交通运输。在交通干线两侧和机场附近，这种影响尤为突出。

焚烧秸秆不但危害大气环境和人体健康，还会对人们的生产生活造成很多不利影响，这也是我国近年来一直大力宣传禁烧秸秆的原因所在。因此，重视和推广秸秆资源化利用势在必行。

二、秸秆综合利用的途径

目前农作物秸秆综合利用的途径主要有5种，即肥料化、饲料化、能源化、原料化和基料化。

1. 肥料化

由于含有丰富的磷、氮、钾和微量元素，农作物秸秆可

以用作原料，加工为农业有机肥。秸秆还田能有效增加土壤有机质和氮、磷、钾、微量元素等土壤营养成分，对改良土壤结构、培肥地力、减少化肥用量、促进秸秆资源循环高效利用。秸秆还田是一条合理利用秸秆资源养地培肥的有效途径，它与土壤肥力、环境保护、农田生态环境平衡等密切联系，已成为循环农业的重要内容。此外，还可通过秸秆生物反应堆技术和秸秆工厂化堆肥技术实现秸秆的肥料化应用。

2. 饲料化

秸秆富含纤维素、木质素、半纤维素等非淀粉类大分子物质。作为粗饲料营养价值极低，必须对其进行加工处理。处理方法有物理法、化学法和微生物发酵法。经过物理法和化学法处理的秸秆，其适口性和营养价值都大大改善，但仍不能为单胃动物所利用。秸秆只有经过微生物发酵，通过微生物代谢产生的特殊酶的降解作用，将其纤维素、木质素、半纤维素等大分子物质分解为低分子的单糖或低聚糖，才能提高营养价值，提高利用率、采食率、采食速度，增强口感性，增加采食量。秸秆饲料的加工技术主要包括：青贮、微贮、氨化、碱化、热喷处理、压块成型等。

3. 能源化

随着国民经济持续快速发展，我国能源需求量不断扩大，局部地区甚至出现了能源供应紧张的情况，加大生物质能的开发利用，是有效缓解我国能源供应压力的一个重要途径。农作物秸秆作为生物质能资源的主要来源之一，是目前世界上仅次于煤炭、石油以及天然气的第四大能源物质。目前秸秆生物质资源开发利用的主要技术有直燃及汽化发电技术、固化成型技术、秸秆沼气发酵技术、制取燃料酒精技术以及热解汽化技术等。

4. 原料化

秸秆是高效、长远的轻工、纺织和建材原料，既可以部分代替砖、木等材料，还可以有效保护耕地和森林资源。秸秆墙板的保温性、装饰性和耐久性均属上乘，许多发达国家已把"秸秆板"当做木板和瓷砖的替代品，广泛应用于建筑行业。此外，经过技术方法处理加工秸秆还可以制造纸品、人造板、秸秆复合材料等。

5. 基料化

食用菌是真菌中能够形成大型子实体并能供人们食用的一种真菌，食用菌以其鲜美的味道、柔软的质地、丰富的营养和药用价值备受人们青睐。由于秸秆中含有丰富的碳、氮、矿物质及激素等营养成分，且资源丰富，成本低廉，因此很适合做多种食用菌的培养料，通常由碎木屑、棉籽壳、稻草和麦麸等构成。目前，利用秸秆栽培食用菌品种较多，有平菇、草菇、鸡腿菇等十几个品种，而且有些品种的废弃菌帮（袋）料可以作为另一种食用菌的栽培基料，不仅提高了生物转化率，延长了利用链条，而且减少了对环境的污染。

第三节　我国农作物秸秆资源及利用现状

一、我国农作物秸秆资源

我国是农业大国，农作物秸秆产量大、分布广、种类多，

长期以来一直是农民生活和农业发展的宝贵资源。据有关调查数据显示，2017年我国秸秆理论资源量为8.84亿吨，可收集资源量约为7.36亿吨。

从品种分布来看，我国秸秆品种以水稻、小麦、玉米为主。其中，玉米秸秆占比高，达到32.5%；稻草、小麦秸秆占比紧随其后，分别达25.1%、18.3%；其余秸秆品种占比则不到5%。

从区域分布来看，秸秆来源主要分布在粮食生产地，辽宁、吉林、黑龙江、内蒙古、河北、河南、湖北、湖南、山东、江苏、安徽、江西、四川等13个粮食主产省（区）秸秆理论资源量占全国秸秆理论资源量的70%以上。

二、农作物秸秆利用现状

虽然秸秆资源丰富，但综合利用不充分，秸秆随意抛弃、焚烧现象严重，不仅造成一系列环境问题，还浪费了宝贵的生物资源。为稳定农业生态平衡、缓解资源约束、减轻环境压力，我国中央及地方政府正加快推进秸秆综合利用。例如，2018年10月，农业农村部在"东北地区秸秆处理行动现场交流暨成果展示会"提出：到2020年，全国秸秆综合利用率达到85%以上；东北地区秸秆综合利用率达到80%以上，50%重点县市秸秆综合利用率稳定在90%以上；露天焚烧现象显著减少；力争到2030年，全国建立完善的秸秆收储运用体系，形成布局合理、多元利用的秸秆综合利用产业化格局，基本实现全量利用。

在政策的积极支持和推动下，我国农作物秸秆综合利用效果显著。目前秸秆综合利用率超82%，秸秆利用方式多种多样，基本形成了肥料化利用为主，饲料化、能源化稳步推进，基料化、原料化为辅的综合利用格局。

尽管我国秸秆资源综合利用工作力度不断加大，成果也显著，但目前仍存在着综合利用不充分，利用结构不合理，产业化、规模化程度不够等问题，并且其相关配套技术与国外先进技术还具有一定差距。对于以上存在问题的建议：① 加强秸秆资源综合利用工作的组织和管理机制的完善；② 加强秸秆资源化利用技术的研究，并研发出成熟、完善、先进的配套技术；③ 加强秸秆利用产业化、规模化、集约化发展；④ 加强生态环境保护意识，推动农业可持续循环发展。因此，秸秆资源的集约、循环、高效、充分利用，为我国解决秸秆问题提供了无害化、资源化、变废为宝的合理有效途径，从根本上解决了秸秆废弃和焚烧的问题，保障了农业经济的可持续发展，具有良好的经济效益、生态效益和社会效益。

第二章
秸秆肥料化利用技术

第一节　秸秆直接还田

秸秆直接还田是指将作物秸秆覆盖于农田表面或直接施入土壤中的还田方式。

一、秸秆覆盖还田

秸秆覆盖还田按秸秆形式分为两种：碎秸秆覆盖还田和根茬覆盖还田。

1.碎秸秆覆盖还田技术要点

（1）合理确定割茬高度

从免耕播种角度考虑，只要免耕播种机能够顺利通过，就对割茬高度没有特殊要求。但是冬春季节风大，秸秆容易被吹走的地方，可以考虑适当留高茬，以挡住秸秆，不被风吹走。

（2）注重秸秆粉碎质量

要正确选择拖拉机或联合收割机的前进速度，使玉米秸秆粉碎长度控制在10厘米左右，小麦或水稻秸秆粉碎长度5厘米左右，长度合格的碎秸秆达到90%以上。播种时过长的秸秆容易堵塞播种机以及架空种子，使种子不能接触土壤而影响出苗。若发现漏切或长秸秆过多，秸秆还田机应进行二次作业，确保还田质量。

（3）秸秆铺撒均匀

不能有的地方秸秆成堆、成条，有的地方又没有秸秆，起不到覆盖作用。多数秸秆还田机或联合收割机安装的切碎器都能均匀地抛撒秸秆。如果发现成堆或成条的秸秆，可以用人工撒开，必要时用圆盘耙作业把秸秆分布均匀。

（4）保证免耕播种质量

应根据秸秆覆盖状况，选择秸秆覆盖防堵性能适宜的少免耕播种机。如果秸秆覆盖量大，可选用驱动防堵型少免耕播种机。

2. 根茬覆盖还田技术要点

（1）合理确定根茬高度

根茬高度不仅关乎还田秸秆的数量，而且影响覆盖效果，即保水保土、保护环境的效果。根茬太低还田秸秆量不够，覆盖效果差；根茬太高则又可能影响播种质量以及用于其他方面（如饲料、燃料）的秸秆不足。据报道，小麦20～30厘米、玉米30～40厘米高的根茬覆盖比较合适，能够控制大部分水土流失。

（2）保证免耕播种质量

在仅有小麦（莜麦、大豆）根茬覆盖情况下，少免耕播种质量相对容易保证。玉米根茬坚硬粗大，容易造成开沟器堵塞或拖堆，这种情况下，可采用对行作业方式，错开玉米根

茬，或者采用动力切茬型免耕播种机进行作业。

3. 秸秆覆盖还田注意事项

（1）注意防火

在作物收获后到完成播种前的长时间里，地面都有秸秆覆盖，有时秸秆可能相当干燥，很容易引起火灾。所以防火十分重要。禁止人们在田间用火、乱丢烟头，特别防范小孩在田间玩火。

（2）注意人身安全

由于秸秆还田机上有多组转速很高（每分钟1 000多转）的刀片或锤片去切碎秸秆，如果刀片松动或者破碎甩出来，安全防护罩又不完整，就可能危及人身安全。因此操作者必须有合法的拖拉机驾驶资格，要认真阅读产品说明书，掌握秸秆还田机操作规程、使用特点后方可操作。

作业前：要对地面及作物情况进行调查，平整地头的垄沟（避免万向节损坏），清除田间大石块（损坏刀片及伤人）；要检查秸秆还田机技术状态，刀片固定是否牢固，防护罩是否完整，可将动力与机具挂接、接合动力输出轴，慢速转动1~2分钟，检查刀片是否松动，是否有异常响声，与罩壳是否有刮蹭。调整秸秆还田机，保持机器左右水平和前后水平。

作业中：① 起步前，将还田机提升到一定的高度，一般15~20厘米，由慢到快转动。注意机组四周是否有人，确认无人时，发出起步信号。挂上工作挡，缓缓松开离合器，操纵拖拉机或小麦联合收割机调节手柄，使还田机在前进中逐步降到所要求的留茬高度，然后加足油门，开始正常作业；② 及时清理缠草。清除缠草或排除故障必须停机熄火后进行，严禁拆除传动带防护罩。作业中有异常响声时，应停车检查，排除故障后方可继续作业，严禁在机具运转情况下检查机具；③作业时严禁带负荷转弯或倒退，严禁靠近或跟踪，以免抛出的杂物伤人；④转移地块时，必须停止刀轴旋转。

作业后：及时清除刀片护罩内壁和侧板内壁上的泥土层，以防加大负荷和加剧刀片磨损。刀片磨损必须更换时，要注意保持刀轴的平衡。个别更换时要尽量对称更换，大量更换时要将刀片按重量分级，同一重量的刀片才可装在同一根轴上，保持机具动平衡。

（3）注意协调秸秆还田与他用的关系

秸秆还田和离田并不对立。如果秸秆离田确有其他重要用途，可在田间保留适宜高度的根茬覆盖。

二、秸秆翻埋还田

秸秆翻埋还田按秸秆形式可分为三种：碎秸秆翻埋还田、整秸秆翻埋还田和根茬翻埋还田。

1. 碎秸秆翻埋还田技术要点

秸秆粉碎可以利用秸秆粉碎机或者安装有秸秆粉碎装置的联合收获机完成。不管采用哪种方式粉碎，都要保证秸秆粉碎质量，而且抛撒均匀。

（1）还田时间选择

在不影响粮食产量的情况下及时收获，趁作物秸秆青绿时及早还田，耕翻入土。此时作物秸秆中水分、糖分高，易于粉碎和腐解，迅速变为有机质肥料。若秸秆干枯时才还田，粉碎效果差，腐殖分解慢；秸秆在腐烂过程中与农作物争抢水分，不利于作物生长。

（2）割茬高度确定

秸秆还田机的留茬高度靠调整刀片（锤片）与地面的间隙来实现，留茬太高影响翻埋效果，留茬太低容易损毁刀片，一般保留5～10厘米。小麦联合收割机的割茬高度通过调整收割台高度来控制，割茬高度影响收割速度，有的机手为了进度快把麦茬留得很高，这是不符合要求的。留茬高度既要考虑收割速度，也要考虑翻埋质量，一般取10～20厘米为宜。

（3）注重秸秆粉碎质量

机手要正确选择拖拉机或联合收割机的前进速度，使玉米秸秆粉碎长度在10厘米左右，小麦或水稻秸秆粉碎长度5厘米左右，长度合格的碎秸秆达到90%。若发现漏切或长秸秆过多，应进行二次秸秆粉碎作业，确保还田质量。

（4）秸秆铺撒均匀

不能有的地方秸秆成堆成条，有的地方又没有秸秆。如果发现秸秆成堆或成条，应进行人工分撒，必要时还需要用圆盘耙作业把秸秆耙匀，以保证翻埋质量。

（5）保证翻埋质量

犁耕深度应在22厘米以上，耕深不够将造成秸秆覆盖不严，还要通过翻、压、盖，消除因秸秆造成的土壤"棚架"，以免影响播种质量。土壤翻耕后需要经过整地，使地表平整、土壤细碎，必要时还需进行镇压，达到播种要求。整地多用旋耕机、圆盘耙、镇压器等进行，深度一般为10厘米左右，过深时土壤中的秸秆翻出较多，过浅时达不到平整和碎土效果。

（6）保证混埋质量

旋耕机混埋的作业深度应在15～20厘米，通过切、混、埋把秸秆进一步切碎并与土壤充分混合，埋入土中。旋耕一遍效果达不到要求，地表还有较多秸秆时，应二次旋耕。旋耕后一般可以直接播种，不需要再进行整地作业。

2.秸秆翻埋还田技术要点

（1）秸秆要顺垄铺放整齐

为了保证翻埋质量，玉米秸秆长度方向必须与犁耕方向一致，铺放均匀。

（2）提高翻埋质量

犁耕深度要在30厘米以上，通过翻、压、盖，把秸秆盖严盖实，消除因秸秆造成的土壤棚架。耕作太浅时，作物秸秆覆盖不严，影响播种质量。

（3）保证整地质量

土壤深耕后需要经过整地才能达到播种要求，整地多用旋耕机、圆盘耙、镇压器等进行，其深度一般为10～12厘米，过深时土壤中的秸秆翻出的较多，过浅时达不到平整和碎土效果。为避免土壤中秸秆棚架，一般应采用V形镇压器等进行专门的镇压作业。

3.根茬翻埋还田技术要点

（1）合理确定根茬高度

根茬还田往往用在需要秸秆作为饲料、燃料或原料的地区，在这些地区，秸秆还田与其他用途经常出现矛盾，应协调好秸秆还田与其他用途的关系。饲料、燃料或原料是需要的，而且有直接经济效益。但是，应该认识到秸秆还田并不是可有可无，而是必须的，农业要持续发展，必须有一定数量的秸秆还田补充土壤有机质。根茬还田并不是一种理想的做法，而是一种协调的结果。有的地区，在进行秸秆做"三料"、根茬还回地里时，把根茬留得很低，甚至紧贴地表收割，结果根本起不到还田的作用。把一部分秸秆回到地里，短期看少了些用料，但长远看，土地肥沃了、生态环境好了，产量更高，秸秆更多，用料才能够充裕。从还田的需要出发，一般小麦秸秆留茬不得低于20厘米，玉米不得低于30厘米。秸秆还田机和联合收割机控制根茬高度的方法与碎秸秆翻埋还田相同。

（2）保证翻埋质量

犁耕深度要在22厘米以上，通过翻、压、盖，把秸秆盖严盖实，消除因秸秆造成的土壤棚架。土壤翻耕后需要经过整地，使地表平整、土壤细碎，必要时还需进行镇压，达到播种要求。整地多用旋耕机、圆盘耙、镇压器等进行，其深度一般为10厘米左右。

（3）保证混埋质量

旋耕机混埋的作业深度应在15厘米以上，通过切、混、翻转把秸秆与土壤充分混合，埋入土中。玉米根茬比较坚硬，有些地方先用缺口圆盘耙耙一遍，再进行旋耕，效果较好。旋耕后可以直接播种，一般不需要再整地。

4. 秸秆翻埋还田技术注意事项

（1）注意人身安全

秸秆还田机上有多组转速很高（每分钟1 000多转）的刀片或锤片，如果刀片松动或者破碎甩出来，安全防护罩又不完整，就可能危及人身安全。因此，操作者必须有合法的拖拉机驾驶资格，要认真阅读产品说明书，了解秸秆还田机操作规程、使用特点、注意事项后方可操作。

（2）秸秆还田是否多施氮肥的问题

秸秆腐解过程中要消耗氮素，然而腐解后又会释放氮素。因此，如土壤较肥，或已经施用氮素化肥，可不必再增施氮肥。但如土壤比较贫瘠，开始实施秸秆还田的头1~2年，增施适量氮肥，加快秸秆腐解，防止与后茬作物争肥的矛盾，还是比较有效的。

（3）旋耕混埋作业早进行

用旋耕混埋还田作业需要在播种前一周进行，使土壤有回实的时间，提高播种质量。水田区的稻秆或麦秆要用水泡田，将秸秆和土壤泡软，再进行混埋。

第二节　秸秆间接还田

秸秆间接还田技术是一种传统的积肥方式，将农作物秸秆堆腐沤制，或经畜禽过腹后的粪尿，或经沼气池气化等后形成的废渣作为肥料的还田方式。

一、秸秆腐熟还田

秸秆腐熟还田技术是指在秸秆中加入动物粪尿、微生物菌剂、化学调理剂等物质后，经人工堆积发酵成有机肥料的一种还田技术，具有改良土壤、培肥地力、保护环境等良好作用，是利用废弃农作物秸秆的有效措施。

该利用模式适用于降水量较丰富、积温较高的地区，种植制度为早稻—晚稻、小麦—水稻、油菜—水稻的农作地区。具体操作方法：在油菜等作物收割后，将秸秆均匀地铺在田里，然后把秸秆腐熟剂按1包/亩的量均匀地撒在秸秆表面，腐熟剂按说明书推荐量使用。每亩再加20.0千克尿素，灌水、浸泡4～5天，然后深翻耕，即可移栽水稻秧苗。该利用模式的优点是可增加土壤有益微生物的种群数量和秸秆腐解需要的各种酶类，缩短秸秆腐熟时间；还能增加土壤养分，改良土壤结构，提高化肥利用率。缺点是不适用于缺水的山垄田和旱地。

二、堆沤发酵还田

堆沤发酵还田是将农作物秸秆制成堆肥、沤肥等，经发酵后施入土壤。其技术要点：在农作物成熟收获后，将农作物秸秆就近运到田地边或废弃地；堆制场地四周起土40厘米以上，堆底压平、拍实，防止跑水；每100千克秸秆加入尿素2千克，生物菌剂0.8千克，或加入50千克的人畜粪尿；将秸秆按同方向堆砌，一般宽1.5～2.0米，高1.0～1.2米，长度不限；堆积50厘米时浇足水，使秸秆含水量达到65%～68%，料面撒适量尿素和生物菌剂，再堆砌秸秆50厘米，按同样方法撒尿素和生物菌剂，一般堆3～4层为宜，最后用黄泥封严；经高温堆沤发酵，可使秸秆腐熟时间提早18～20天。经堆沤后再均匀地施入农田。

该利用模式的优点是将秸秆与人畜粪尿等有机物质经过堆沤腐熟，不仅产生大量腐殖质，而且产生多种可以供农作物吸收利用的营养物质，如有效态氮、磷、钾等，可生产高品质的商品有机肥；同时，通过高温堆沤发酵，能杀死大部分秸秆本身带有的病菌，有效防止植物病害的蔓延。缺点是操作过程相对烦琐，人工投入较多。

三、沼渣和沼液还田

将农作物秸秆以及人畜粪尿在厌氧条件下发酵产生出以甲烷为主要成分的可燃气体就是沼气，沼气发酵后的沼渣和沼液称为沼肥。它是在密闭的发酵池内发酵沤制的，水溶性大，养分损失少，虫卵病菌少，具有营养元素齐全、肥效高、品质优等特点，可以作为一种廉价、优质的高效肥料使用，是无公害农业生产的理想用肥。

沼肥除了含有丰富的氮、磷、钾等元素外，还含有对农作物生长起重要作用的硼、铜、铁、锰、钙、锌等微量元素，以及大量的有机质、多种氨基酸和维生素等，而且重金属含量低。施用沼肥，不仅能显著地改良土壤，确保农作物生长所需的良好微生态环境，还有利于增强其抗冻、抗旱能力，减少病虫害。

1. 沼渣施肥

沼渣作为有机肥料用于果树，产果率增加，果型美观，商品价值高，可以减轻果树病虫害，降低成本，经济效益显著。完全用沼肥种出的果树，是一种无害绿色的水果。在冬季将沼渣与秸秆、麸饼、土混合堆沤腐熟后，分层埋入树冠滴水线施肥沟内。长势差的应重施，长势好的轻施；衰老的树重施，幼壮树轻施；着果多的重施，着果少的轻施。推荐用量为：幼树每株4~8千克；挂果树每株施入沼渣50千克或沼液100千克左右。

沼渣种菜，可提高抗病虫害能力，减少农药和化肥的投资，提高蔬菜品质，避免污染，是发展无公害蔬菜的一条有效途径。用作基肥时，视蔬菜品种不同，每亩用1 500~3 000千克，

在翻耕时撒入，也可在移栽前采用条施或穴施。作追肥时，每亩用量是1 500~3 000千克，施肥时先在作物旁边开沟或挖穴，施肥后立即复土。

2. 沼液施肥

沼液是一种溶肥性质的液体，其中不仅含有较丰富的可溶性无机盐类，同时还含有多种沼气发酵的生化产物，具有易被作物吸收及营养、抗逆等特点。使用沼液喷洒植株，可起到杀虫抑菌的作用，减少农药使用量，降低农药残留。

在果园施用沼液时，一定要用清水稀释2~3倍后使用，以防浓度过高而烧伤根系。幼树施肥，可在生长期（3—8月）施沼液。方法是：在树冠滴水线挖浅沟浇施，每株5千克，取出沼液稀释后浇施或浇施沼液后再用适量清水稀释，以免烧伤根系。每隔15天或30天浇施一次沼液肥。

沼液用作蔬菜追肥，在蔬菜生长期间，可随时淋施或叶面喷施。淋施每亩1 500~3 000千克，施肥宜在清晨或傍晚进行，阳光强烈、盛夏中午和雨天不宜施肥，以免肥分散失和灼伤蔬菜叶面及根系。做叶面追肥喷施时，沼液宜先澄清过滤，用量以喷至叶面布满细微雾点而不流淌为宜。

四、过腹还田

过腹还田是利用秸秆饲料喂牛、猪、羊等牲畜，经消化吸收变成粪、尿，以粪尿施入土壤还田。但是，这些生粪不能直接用作肥料，必须经过微生物分解，也就是腐熟处理。常用的腐熟方法是高温堆肥：将粪便取出，集中堆积在平坦的场地上。堆起的高度一般1.5~2.0米为好。在堆放过程中不要踩实，应有足够的通气空间，有助于微生物活动。堆好后，通常

2~3个月肥料就腐熟好了。如果不急于使用，最好将肥料再翻打一次，使其内外腐熟一致。如有条件，可用塑料布将腐熟的肥料盖起来，以防雨水的渗入而影响肥料的质量。腐熟后的粪便会和以前有明显的差别，从颜色上看，腐熟的粪便要比生粪颜色更深；从气味上没有了圈肥难闻的臭味，而且不招苍蝇；从性状上看，生粪比较粗糙，而腐熟好的看上去更加松软，呈粉末状。粪便经过高温沤制，变成了养分均衡的有机肥。但有机肥养分含量低，肥效长，通常是作为底肥施用，有改良土壤性质的作用。

第三节 秸秆生物反应堆技术

秸秆生物反应堆技术是以秸秆为资源，在专用微生物菌种的作用下，将秸秆定向转化成植物生长所需的二氧化碳、热量、抗病微生物、有机和无机养料等，使农产品达到高产、优质的现代农业生物工程创新技术。特点是：以秸秆替代大部分化肥，植物疫苗替代大部分农药，资源丰富，生产成本低，易操作，投入产出比大，环保效益显著。秸秆生物反应堆有内置式、外置式、内外结合式等3种方式。生产实践中多数菜农采用内置式，有条件的最好采用内外结合式。

一、内置式秸秆生物反应堆

内置反应堆因其具有显著的二氧化碳效应、地温效应、有机改良土壤效应和生防效应，适用作物品种广泛，投资小，增产作用大而深受用户的欢迎。按其所处的位置，可分为种植行下和行间内置反应堆两种。

1. 种植行下内置式秸秆生物反应堆

定植前在小行（种植行）下开沟，沟宽与小行相等，一般60~80厘米，沟深20厘米，沟长与小行长相等，起土分放两边，接着添加秸秆，铺匀踏实，厚度30厘米，沟两头露出10厘米秸秆茬，以便进氧气。填完秸秆后，按每沟所需菌种量将菌种均匀撒在秸秆上，用锨拍振一遍后，把起土回填于秸秆上，然后灌沟浇水湿透秸秆，2~3天后，整平起垄，秸秆上土层厚度保持20厘米左右，然后定植。盖膜后，按20厘米×20厘米面积，用14号钢筋打孔，孔深以穿透秸秆层为准。内置反应堆每亩菌种用量8~10千克。秸秆用量根据种植作物品种确定，有限生长品种为3 000~4 000千克，无限生长品种为4 000~6 000千克。此种形式适合于多种蔬菜和大田作物的种植。

2. 行间内置秸秆生物反应堆

一般小行高起垄（20厘米以上），定植，等待秸秆收获后在大行内起土15厘米左右，铺放秸秆30厘米厚，踏实找平，按每行用量撒接一层处理好的菌种，用铁锨拍振一遍，回填所起土壤，覆土厚5~10厘米，浇大水湿透秸秆，待2~3天后，盖地膜打孔。打孔要求：在大行两边靠近作物处，每隔20厘米，用14号钢筋打一个孔，孔深以穿透秸秆层为准。菌种和秸秆用量同种植行下内置式。行间内置式反应堆只浇第一次水，以后浇水在小行间按常规进行。管理人员走在大行间，也会踩压出二氧化碳，抬脚就能回进氧气，有利于反应堆效能的发挥。种植黄瓜、番茄、茄子、辣椒、西葫芦、大棚果树、豆角、芸豆、烟草、茶叶等作物可以选择此种方式。也可以把它作为行下内置反应堆的一种补充措施。

二、外置式秸秆生物反应堆

外置反应堆即地上反应堆，由地上秸秆反应堆、地下贮气池和气体交换部分组成。春、夏、秋三季可建在大棚外，冬季可建在大棚内。

1. 反应堆建造

棚外外置反应堆的建造：离棚前沿1.5米处挖一条东西长15～20米、宽1.0～1.5米、深0.6米的贮气池，池的两头挖一条宽25厘米、深30厘米，直通向大棚两山墙内侧的回气道，末端再安装一个高1.5米、直径为1.1米的回气塑料管，贮气池中间再挖一条垂直通向大棚内的长3米、宽0.8米、深0.7米的进气道，棚内终端可建一个下口径60厘米×60厘米、上口径为45厘米×45厘米、高出地面30厘米的交换机底盘。整个基础用单砖水泥砌垒。

棚内外置反应堆建造与棚外不同之处是，在大棚两山墙的内侧，离墙0.6米处挖一个贮气池，该池无回气道，长度略短于山墙，宽度1.5米，深0.8米，两端各留一个25厘米×25厘米的回气孔，中间从底部通出一个50厘米×50厘米、离开贮气池60厘米、高出地面25厘米、上口径为45厘米×45厘米的交换机底盘，基础用单砖水泥垒砌，交换机上安装二氧化碳微孔输气带。

2. 放杆拉铁丝

在贮气池上沿每隔1米，横摆一根水泥杆或木棍，贮气池上口每隔20厘米纵向拉一道铁丝，并固定在水泥杆上，以便摆放秸秆。

3. 拌菌种

反应堆基础建完后，接着拌菌种。每次菌种用量3千克，中间料可用麦麸25千克、粉碎的玉米芯150千克、水230千克，三者充分拌匀，摊放于大棚内，厚度15厘米，上面盖帘遮阳，发酵3天即可使用。

4. 填料与接种

秸秆的填加与接种一般分3层。第一层厚度为40厘米，第二层厚度为50厘米，第三层厚度为50厘米。秸秆种类可选择玉米秸、麦秸、稻秸、谷糠、豆秸、杂草、树叶等。3层接种用量2：1：2，将菌种均匀撒接于秸秆上，接种完毕后，喷水淋湿，加水数量按每千克加水1.5千克为宜。接着打孔，孔径10厘米，孔距40厘米，盖膜保湿，开机通氧抽气。

5. 交换机安装使用

安装要求交换机与底盘密封好，使外界空气不能从底盘处进入交换机内。反应堆加料接种后的当天进行开机供氧，第二天就有二氧化碳产生。每天上午8点开机，日落前关机。苗期6小时，开花期8小时，结果期10小时。

6. 外置反应堆的管理

定期加水通孔，一般棚外反应堆每10天左右加一次水，棚内反应堆每8天左右加一次，每次水量以湿透秸秆为准，每次加水后要在反应堆顶部30厘米×30厘米打孔，孔径为3厘米，以增加氧气，加速秸秆的氧化分解。当每次所加秸秆转化消耗1/2时，要及时填加秸秆和接种。

7. 浸出液和科学利用

秸秆转化的物质，浸出液中占1/3左右。它的利用显著地促进作物产量的提高和品质的改善。做法是：在生长前、中、后期各灌根一次，用量每棵一碗，剩余液体过滤后进行喷施，重点喷施叶背面和生长点，喷施时间，每天上午9时至下午3时进行。

三、秸秆生物反应堆的标准化应用和管理

秸秆生物反应堆技术不是一项单纯的技术，而是把植物、生物、人的行为活动紧密结合在一起，互相联运，共同发挥正面效应的技术集合体。需要在标准化应用和管理中，实现各方面、各层面的科学结合，方可发挥出奇效。

1. 施肥

3年以上的棚区有机肥按常规使用量，化肥不作底肥，只作追肥，底肥严禁施用未充分腐熟或加工的鸡粪、猪粪和人粪尿。底肥可用牛、马、羊、驴、兔等食草动物的粪便和各类饼肥，数量以常规用量为准，集中施在内置反应堆的秸秆上。

2. 行距与密度

应用反应堆后，作物生长较常规枝叶茂盛，如大棚为3.6米开间，4~5行制被普遍认为可采用，大行0.9~1米，小行0.6~0.7米。株距可根据作物而定，暖冬时可适当稀植，冷冬可适当密植，也可采用先密后稀的原则，灵活掌握。

3. 内置反应堆第一水

内置反应堆做好后浇第一水，是反应堆的启动水，水量要大，掌握的原则是使秸秆尽量吃足水。第一次浇水后4~5天，应将处理好的疫苗撒施到垄上，与土掺匀，打孔。

4. 内置反应堆第二水

即是定植缓苗水，浇水千万不能大，要浇小水。定植当天，每棵苗浇1碗水，高温季节隔3天再浇1次；低温季节隔7天再浇1碗水；中温季节隔5天要再浇1碗水。定植后不要盖地膜，等10多天苗缓过来后再盖地膜，并及时打孔。

一般常规栽培浇3次水，用该项技术只浇一次水即可，切记浇水不能过多。在第一次浇水湿透秸秆的情况下，一般间隔70～90天后再浇水。浇水后的3天，要将风口适当放大些，使潮气排除。要及时打孔。冬季浇水的要点是"三看"（看天、看地、看苗情）和"五不能"（一不能早上浇，二不能晚上浇，三不能小水勤浇，四不能阴天浇，五不能降温期浇）。进入11月，一定要在上午9点半以后、下午2点半之前浇水。早春大拱棚作物，必须分段浇水，10～15米一段，否则会浇水过大，闷苗烂根。

5. 揭盖草帘

揭盖草帘是冬天管理的主要技术环节。对于冬暖大棚，揭盖草帘要依据光照和作物的生长特性。揭草帘主要强调一个"早"字，以天明草帘揭开后，棚内温度下降不超过1℃为宜。揭得越晚产量损失越严重。盖草帘强调一个"巧"字，过早或过晚都对作物不利，主要依据棚内气温，每天下午当气温下降至18～20℃，就应该及时放帘覆盖。

第四节　秸秆工厂化堆肥技术

秸秆富含氮、磷、钾、钙、镁等营养元素和有机质等，是农业生产重要的有机肥源。秸秆肥料化生产是控制一定的条件，通过一定的技术手段，在工厂中实现秸秆腐烂分解和稳定，最终将其转化为商品肥料的一种生产方式，其产品一般主要包括精制有机肥和有机—无机复混肥的两种产品。利用秸秆等农业有机原料进行肥料化生产的有机肥或有机—无机复混肥产品在改良土壤性质、改善农产品品质和提高农产品产量方面具有重要意义和显著效果。

一、生产工艺

秸秆工厂化堆肥根据生产工艺和最终产品的不同而有所差别，主要包括秸秆精制有机肥生产工艺、秸秆有机—无机复混肥生产工艺等。

1. 秸秆精制有机肥生产工艺

秸秆和畜禽粪便等混合而成的物料经过堆肥化处理可以形成秸秆精制有机肥制品，生产过程主要包括秸秆原料的收集和贮运、原料粉碎混合、一次发酵、陈化（二次发酵）、粉碎和筛分包装几个部分。精制有机肥现执行行业标准NY525—2002。精制有机肥的生产方法主要有条垛式堆肥、槽式堆肥和反应器式堆肥等几种形式，它们各有优缺点，需要根据企业当地的具体情况加以选择，但它们的生产工艺流程大致相同。

2. 秸秆有机—无机复混肥生产工艺

秸秆有机—无机复混肥不是简单的有机肥和无机肥的混合产物，它较单一生产有机肥或无机肥要难，主要在于两者造粒不易，或者是造粒产品不易达到国家的有机—无机复混肥产品标准（GB 18877—2002）。有机肥本身性质是不易造粒的主要原因，按国家标准规定，有机肥在整个复混肥的原料中占比重不小于30%，而随着有机肥占的比重增加，其成粒难度也会相应增大。

就现有工艺来说，秸秆有机—无机复混肥的生产工艺有两个阶段，一个是有机肥的生产阶段，另一个就是有机肥和无机肥的混合造粒阶段。

秸秆有机肥的生产阶段与秸秆精制有机肥的生产相同，秸秆等物料也需要通过高温快速堆肥处理而成为成品有机肥。

目前，成熟的造粒工艺主要包括以下几种。

（1）滚筒造粒

混合好的物料在滚筒中经黏结剂湿润后，随滚筒转动相互之间不断黏结成粒。黏结剂有水、尿素、腐殖酸等种类，可依生产需要而定。该工艺主要特点是：有机肥不需前处理即可直接进行造粒；黏结剂的选择范围广，工艺通用性强；成粒率低，但外观好。

（2）挤压造粒

有机肥和无机肥按一定比例混合，经对辊造粒机或对齿造粒机等不同的造粒机进行挤压或碾压成粒。质地细腻且黏结性好的物料比较适合该工艺的要求，此外必要时还需调节含水量以利于成粒。该工艺的主要特点是：物料一般需要前处理；无须烘干，减少了工序；产品含水量较高；颗粒均匀，但易溃散；生产时要求动力大、生产设备易磨损。

（3）圆盘造粒

干燥和粉碎后的有机肥配以适量无机肥送入圆盘，经增湿器喷雾增湿后在圆盘底部由圆盘和内壁相互摩擦产生的力而黏结成粒，最后再次干燥后筛分装袋。圆盘造粒工艺现已发展出连续型和间歇型两种方法。该工艺特点是：有机肥需先进行干燥粉碎处理，工序烦琐；对有机肥的含量适应性强；颗粒可以自动分级但成粒率偏低，外观欠佳；生产能力适中。

（4）喷浆造粒

有机肥和无机肥按一定比例混合后投入造粒机内被扬起，然后喷以熔融尿素等料浆，在干燥和冷却的过程中逐步结晶达到相应的粒度。该工艺的特点是：造粒需高温；成粒率高，返料少；生产能力强。

除此之外，一些如挤压抛圆造粒的新型造粒工艺也已应用。

二、技术操作要点

1. 原料处理

秸秆一般不直接作为原料进行快速堆肥，而是首先进行秸秆粉碎处理，研究显示秸秆粉碎到1厘米左右是最适合进行堆肥的。粉碎好的秸秆和畜禽粪便等其他物料进行混合，其主要目的是调节原料的碳氮比［（25~30）：1］和含水率（60%左右），使之适合接种菌剂中的微生物迅速繁殖和发挥作用。据测算，一般猪粪和麦秸粉的调制比例为10：3左右，牛粪和麦秸粉的调制比例为3：2左右，酒糟与麦秸粉调制比例为2：1左右（还需要调节含水率）。以上是较为合适的，但生产上对用料的配比需依物料实际情况再调整。

2. 发酵

快速堆肥化方式生产有机肥时，物料大致经历升温、高温和降温3个阶段。

（1）升温阶段

大致是混合物料开始堆垛到一次发酵中温度上升至45℃前的一段时间（2～3天），期间嗜温微生物（主要是细菌）占据主导地位并使易于分解的糖类和淀粉等物质迅速分解释放大量热而使堆温上升。为了快速提高堆体中的微生物数量，常需要在混合料中加入专门为堆肥生产而研制的菌剂。

（2）高温阶段

主要是堆体温度上升到45℃后至一次发酵结束的这段时间（1周左右），该阶段中嗜热微生物（主要是真菌、放线菌）占据主导地位，其好氧呼吸作用使半纤维素和纤维素等物质被强烈地分解并释放大量的热。该阶段中要及时进行翻堆处理（4～5次），依"时到不等温，温到不等时"的原则（即隔天翻堆时，即使温度未达到限制的65℃也要及时进行，或者只要温度达到65℃，即使时间未达到隔天的时数也要进行翻堆），以调节堆体的通风量、温度50～65℃（最佳55℃），但是绝对不可让堆体的温度增高到70℃，因为此温度下大多数微生物的生理活性会受到抑制甚至死亡。本阶段也是有效杀灭病原微生物和杂草种子的阶段，是整个堆肥生产过程中的关键，其成功与否直接决定产品的质量优劣。

3. 陈化

陈化过程（历时4～5周）主要是对一次发酵的物料进行进一步的稳定化，对应的是堆肥的降温阶段。堆体温度降低到50℃以下，嗜温微生物（主要是真菌）又开始占据主导地位并分解最难分解的木质素等物质。该阶段微生物活性不是很高，堆体发热量减少，需氧量下降，有机物趋于稳定。为了保持微生物生理活动所需的氧气需要在堆体上插一些通气孔。

4. 粉碎与筛分

陈化后的物料经粉碎筛分后将合格与不合格的产品分离，前者包装出售，后者作为返料回收至一次发酵阶段进行循环利用。

5. 造粒

根据生产中选择的造粒工艺，在造粒前要对有机肥进行一定的前处理，如工艺要求物料要细腻的需对其进行粉碎和筛分处理，工艺要求含水量低的需进行干燥处理等。

6. 烘干包装过程

经过造粒、整形、抛圆后的有机颗粒肥内含有一定的水分，颗粒强度低，不适合直接包装和贮存，需要经过烘干、冷却除尘、筛分等生产工序后，方可进行称重包装，入库贮存。

三、注意事项

1. 原料预处理

秸秆纤维素、木质素含量高，一般不直接作为原料进行快速堆肥，应先进行切短或粉碎处理。

2. 温度

秸秆腐熟堆沤微生物活动需要的适宜温度为40～65℃。保持堆肥温度55～65℃一个星期左右，可促使高温性微生物强烈分解有机物；然后维持堆肥温度40～50℃，以利于纤维素分解，促进氨化作用和养分的释放。在碳氮比、水分、空气和粒径大小等均处于适宜状态的情况下，微生物的活动就能使沤堆中心温度保持在60℃左右，使秸秆快速熟化，并能高温杀灭堆沤物中的病原菌和杂草种子。

3. pH值

大部分微生物适合在中性或微碱性（pH值6~8）条件下活动。秸秆堆沤必要时要加入相当于其重量2%~3%的石灰或草木灰调节其pH值。加入石灰或草木灰还可破坏秸秆表面的蜡质层，加快腐熟进程。也可加入一些磷矿粉、钾钙肥和窑灰钾肥等用于调节堆沤秸秆的pH值。

4. 菌种

复合菌种要保存在干燥通风的地方，不能露天堆放。避免阳光直晒，防止雨淋。菌剂不易长期保存，要在短期内用完。菌剂保管时不宜放在有化肥或农药的仓库内。

5. 有机肥必须完全腐熟

有机肥完全腐熟以利于杀灭各种病原菌、寄生虫和杂草种子，使之达到无害化卫生标准。

第三章
秸秆饲料化利用技术

第一节 秸秆青贮技术

一、青贮原理

利用自然界乳酸菌等微生物的生命活动，通过发酵作用，将秸秆原料中的糖类等碳水化合物变成乳酸等有机酸，增加青贮料的酸度，加之厌氧的青贮环境抑制了霉菌的活动，使青贮料得以长期保存。因此严格说，秸秆青贮法也是一种微生物发酵的方法，是以乳酸菌为主的自然发酵。适宜于青贮的农作物秸秆主要是玉米秸、高粱秸和黍类作物的秸秆。玉米秸、高粱秸等秸秆可用切碎机切碎后青贮，也可整株、整捆青贮。专作饲料的青饲玉米或密植玉米，在籽实体蜡熟时收割，秸秆、果穗一起青贮，则营养价值更好。

青绿植物包括农作物秸秆在成熟和晒干过程中，营养价值降低30%～50%，而且纤维素增加，质地粗硬，不利于家畜利用。在秸秆的青贮过程中，微生物发酵能够产生有用的代谢产物，使青贮秸秆饲料带有芳香、酸、甜的味道，能提高牲畜的适口性，从而增加采食量。青贮还能有效地保存青绿植物的维生素和蛋白质等营养成分，同时还增加了一定数量的能为畜禽利用的乳酸和菌体蛋白质。

二、青贮设备与青贮方式

1. 青贮设备

青贮设备的种类很多，主要有青贮塔、青贮窖、青贮壕、青贮袋以及平地青贮等。青贮设备可采用土窖，或者砖砌、钢筋混凝土，也可用塑料制品、木制品或钢材制作。由于青贮过程要产生较多有机酸，因此永久性青贮设备内壁应做防腐处理。青贮设备不论其结构、材质如何，只要能密闭、抗压、承重以及装卸料方便即可。国外多采用钢制圆形立式青贮塔，密闭性能好，厌氧条件理想。一般还附有抽真空的设备。

青贮设备的主要技术要求有两个：一是设备密闭性能好，不透空气；二是温度适宜，温度过高，产品容易腐败变质，温度过低，也会影响乳酸菌的繁殖和产酸率，故以19~37℃为宜。

2. 青贮方式

（1）根据青贮设备分类

根据青贮设备设施不同，可以分为地上堆贮法、窖内青贮法、水泥池青贮法、土窖青贮法等。

① 地上堆贮法。选用无毒聚乙烯塑料薄膜，制成直径1米、长1.66米的口袋，每袋可装切短的玉米秸250千克左右。装料前先用少量沙料填实袋底两角，然后分层装压，装满后扎

紧袋口堆放。这种青贮法的优点是花工少、成本低、方法简单、取喂方便，适宜一家一户贮存。

②窖内青贮法。首先挖好圆形窖，将制好的塑料袋放入窖内，然后装料，原料装满后封口盖实。这种青贮方法的优点是塑料袋不易破损、漏气、进水。

③水泥池青贮法。在地下或地面砌水泥池，将切碎的青贮原料装入池内封口。这种青贮法的优点是池内不易进气进水，经久耐用，成功率高。

④土窖青贮法。选拔地势高、土质硬、干燥朝阳、排水容易、地下水位低、距畜舍近、取用方便的地方，根据青贮量挖一长方形或圆形土窖，底和周围铺一层塑料薄膜，装满青贮原料后，上面再盖塑料薄膜封土，不论是长方形窖，还是圆形窖，其宽或直径不能大于深度，便于压实。这种青贮方法的优点是贮量大、成本低、方法简单。

（2）根据青贮饲料的调制方法分类

根据青贮饲料的调制方法可以分为高水分青贮、低水分青贮、混合青贮和添加剂青贮等。

①高水分青贮。高水分青贮又叫普通青贮，是指青贮原料不经过晾晒，不添加其他成分直接进行青贮，青贮原料的含水量高达75%。

②低水分青贮。低水分青贮又叫半干青贮，是将原料晾晒到含水量为40%～55%后进行青贮。

③混合青贮。混合青贮又叫复合青贮，是将两种或两种以上青贮原料按一定比例进行青贮。

④添加剂青贮。添加剂青贮又叫外加剂青贮，是为了获得优质青贮料而借助添加剂对青贮发酵过程进行控制的一种保

存青绿饲料的措施。添加剂青贮的优势在于一方面可促进乳酸发酵，另一方面可抑制有害微生物活动。

三、调制方法

1. 原料含水率的调节

一般情况下，青贮技术对原料的含水率要求在70%左右，原料含水率过低，不易压实，内有空气，易引起霉败；原料含水率过高，则可溶性营养物质易渗出流失，影响青贮的品质。在操作中对含水过高的原料可适当晾晒，或混入适量含水较少的原料；水分偏低时，可均匀喷洒适量的清水或混入一些多汁饲料。

2. 收贮

原料的适时收贮对青贮饲料的营养品质影响很大。一般专用于青贮的玉米，要求在乳熟期后期收割，将基叶与玉米果穗一起切碎进行青贮；需要收籽粒的玉米，要求在蜡熟期后割取上半部茎叶青贮。

3. 切短和压实

原料一定要切碎，越碎越好，一般地，玉米秸秆长度不超过3厘米，山芋秧长度不超过5厘米。这样易于压实，并能提高青贮袋、窖的利用率。同时切碎后渗出的汁液中有一定量的糖分，利于乳酸菌迅速繁殖发酵，便于提高青贮饲料的品质。

4. 密封和管理

青贮原料要分层压紧踩实，以便迅速排出原料空隙间存留的空气，防止发酵失败。

四、青贮饲料添加剂

目前，生产中常用的青贮饲料添加剂主要包括以下几种。

1. 氨水和尿素

氨水和尿素是较早用于青贮饲料的一类添加剂，适用于青贮玉米、高粱和其他禾谷类。添加后可增加青贮饲料的粗蛋白含量，抑制好氧微生物的生长，而对反刍家畜的食欲和消化机能无不良影响。青贮时尿素用量一般为0.3%~0.5%。

2. 甲酸

甲酸是很好的有机酸保护剂，可抑制芽孢杆菌及革兰氏阳性菌的活动，减少饲料营养损失。经试验证明，甲酸能使青贮饲料中70%左右的糖分保存下来，使粗蛋白损失率减少。添加1%~2%甲酸制成的青贮料，颜色鲜绿，香味浓，用其喂奶犊牛，日增重有显著提高。

3. 丙酸

丙酸对霉菌有较好的抑制作用，在品质较差的青贮饲料中加入0.5%~0.6%丙酸，可防止上层青贮饲料的腐败。如同时添加甲酸和丙酸，青贮效果更好。一般每吨青贮饲料需添加5千克甲酸、丙酸混合物（甲酸、丙酸比为30∶70）。

4. 稀硫酸和盐酸

加入这两种酸的混合物，能迅速杀灭青贮饲料中的杂菌，降低青贮秸秆的pH值，并使青贮饲料变软，有利于家畜消化吸收。此外，还可使青贮饲料易于压实，增加贮量；使青贮饲料很快停止呼吸作用，从而提高青贮成功率。方法是：用30%盐酸92份和40%硫酸8份配制成原液，使用时将原液用水

稀释4倍，每吨原料加稀释液50~60千克。配制原液时要注意安全。

5. 甲醛

甲醛能抑制青贮过程中各种微生物的活动。青贮料中加入甲醛后，发酵过程中基本没有腐败菌，青贮料中氨态氮和总乳酸量显著下降，用其饲喂家畜，消化率较高。甲醛的一般用量为0.7%，如同时添加甲酸和甲醛（1.5%的甲酸和1.5%~2.0%的甲醛）效果更好。用此法青贮含水量多的细嫩植株茎叶效果最好。

6. 食盐

青贮原料水分含量低、质地粗硬、细胞液难以渗出，加入食盐可促进细胞液渗出，有利于乳酸菌发酵。添加食盐还可以破坏某些毒素，提高饲料适口性。添加量为0.3%~0.5%。

7. 糖蜜

糖蜜是制糖工业副产物，其含糖量为5%左右。在含糖量少的青贮原料中添加糖蜜，增加可溶性糖含量，有利于乳酸菌发酵，减少饲料营养损失，提高适口性。添加量一般为1%~3%。

8. 活干菌

添加活干菌处理秸秆可将秸秆中的木质素、纤维素等酶解，使秸秆柔软，pH值下降，有害菌活动受到抑制，糖分及有机酸含量增加，从而提高消化率。用量为每吨秸秆添加活干菌3克。处理前，先将3克活干菌倒入2千克水中充分溶解，常温下放置1~2小时复活，然后将其倒入0.8%~1.0%食盐水中拌匀，青贮时将菌液均匀洒到秸秆上。以后按常规处理。

五、青贮饲料质量评定

在生产实践中一般采用简单而直观的方法来判断青贮质量，常用的方法有感观评定法，即通过青贮饲料的色泽、气味和质地来进行质量评定。

1. 色泽

优质的青贮饲料非常接近于作物原先的颜色，若青贮前作物为绿色，青贮后仍为绿色或黄绿色为佳。单凭色泽来判断青贮质量，有时也会误入歧途。例如，红三叶草调制成的青贮，常为深棕色而不是浅棕色，此时实际上是极好的青贮饲料。青贮榨出的汁液，是很好的指示器，通常颜色越浅，表明青贮越成功，禾本科牧草尤其如此。

2. 气味

品质优良的青贮通常具有轻微的酸味和水果香味，类似切开的面包味和香烟味（由于存在乳酸所致）。陈腐的脂肪臭味以及令人作呕的气味，说明产生了丁酸，这是青贮失败的标志。霉味则说明压得不实，空气进入了青贮窖，引起饲料霉变。如果出现一种类似猪粪尿的臭气，则说明蛋白质已大量分解。

3. 结构

植物的结构（茎、叶等）应当能清晰辨认。结构破坏及呈黏滑状态是青贮严重腐败的标志。

4. 味道

通常只适用于具有丰富实践经验的人。

以上所介绍的用感观判断青贮质量的方法，常常是不够

精确的。在有条件的地方应当通过实验室方法，科学地判断青贮质量。

第二节　秸秆微贮技术

秸秆微贮技术是指在切碎的秸秆中，通过加入木质素、纤维素发酵剂——秸秆微贮宝，在密闭的厌氧条件下，促进秸秆纤维素、半纤维素和木质素的分解，改善秸秆的适口性，提高其消化率，并增加营养。秸秆微贮处理农作物秸秆，具有产量高、成本低、增重快、无毒害等特点，可以作为一种处理秸秆的新技术，生产的饲料广泛应用于草食家畜的饲养。

一、微贮原理

秸秆中加入高活性发酵菌种后，秸秆中分解纤维素的菌数大幅度提高。在适宜温度、湿度和密闭的厌氧条件下，秸秆中的纤维素、半纤维素和木质素大量降解，产生糖类，继而又被转化成乳酸和挥发性脂肪酸，使pH值下降到4.5~5.0，抑制有害菌和腐败菌的繁殖。经微贮后，秸秆转化成优质粗饲料，不但提高了饲用价值，而且不容易发生腐败，可以长期贮存饲喂。

秸秆微贮后，变得蓬松和柔软，提高了秸秆的适口性，增加了动物采食量；变得柔软和膨胀的秸秆能够充分地与反刍动物瘤胃微生物相接触，从而使粗纤维类物质能够更充分地被瘤胃微生物所分解，提高了秸秆的消化率；秸秆微贮提高了秸秆碳水化合物和脂肪酸的含量，提高了秸秆的营养价值；秸秆微贮导致秸秆饲料的pH值逐步下降，当pH值下降到4.5～5.0时，酸性抑制了各种微生物的活动，从而使各种有害菌不能繁殖，使微贮秸秆饲料可以长期保存。

二、微贮发酵过程

1. 有氧发酵过程

微贮是在无氧条件下利用微生物发酵的秸秆处理技术。但在秸秆的封闭过程中，秸秆原料中或多或少地存在着氧气，这就使得在发酵的最初几天里好氧性微生物得以生长和繁殖。通过这些好氧性微生物的活动可将秸秆中的少量糖分和氧气转化成二氧化碳和水，最后氧气越来越少，直至氧气的含量下降为零。这时好氧性微生物就不能生存，最后全部死亡。

2. 秸秆的酶解过程

由于微生物的活动，产生了各种酶类，这些酶类能破坏秸秆中的纤维素、半纤维素和木质素的结构，使它们逐级降解，形成各种糖类物质。秸秆的酶解过程是比较缓慢的，随着微生物繁殖量的增加和微生物活性的提高，秸秆被逐步酶解为糖类物质。在整个酶解过程中，半纤维素最易被降解，而形成较大数量的木糖、阿拉伯糖、葡萄糖、甘露糖和半乳糖。当这些糖类达到一定浓度时，微生物就可以利用这些糖分作为底物产酸发酵。

3. 产酸发酵过程

微生物利用秸秆饲料中的糖类作为底物，并将它们转化为有机酸类的过程即为产酸发酵过程。秸秆经有氧发酵后，氧气被消耗尽，需氧微生物不能存活，这时厌氧性微生物开始活动。它们在厌氧条件下，不能将糖类底物彻底转化成水和二氧化碳，只能分解为各种有机酸类，包括乙酸、丙酸、乳酸、丁酸等。这些有机酸在秸秆饲料中发生电离，形成大量的氢离子，使秸秆饲料酸化，pH值下降。当pH值下降到4.5～5.0时，酸性又抑制了各种微生物的活动，从而使微生物活动减慢，而形成良好的秸秆微贮饲料。

三、微贮方法

1.水泥窖微贮法

窖壁、窖底采用水泥砌筑，农作物秸秆铡切后入窖，按比例喷洒菌液，分层压实，窖口用塑料膜覆盖好，然后覆土密封。

2.土窖微贮法

在窖的底部和四周铺上塑料薄膜，将秸秆铡切入窖，分层喷洒菌液压实，窖口再盖上塑料薄膜覆土密封。

3.塑料袋窖内微贮法

根据塑料袋的大小先挖一个圆形的窖，然后把塑料袋放入窖内，再放入秸秆分层喷洒菌液压实，将塑料袋口扎紧，覆土密封。

4.压捆窖内微贮法

秸秆经压捆机打成方捆，喷洒菌液后入窖，填充缝隙，封窖发酵，出窖时揉碎饲喂。

四、微贮技术制作过程

秸秆微贮技术制作过程大体如下。

1. 微贮设施

微贮可用水泥池、土窖，也可用塑料袋。水泥池是用水泥、黄沙、砖为材料在地下砌成长方形池子。最好砌成两个相同大小的，以便交替使用。这种池子的优点是不易进水、密封性好、经久耐用、成功率高。土窖的优点是成本低、方法简单、贮量大，但要选择地势高、土质硬、向阳干燥、排水容易、地下水位低的地方，在地下水位高的地方，不宜采用。水泥池和土窖的大小根据需要量设计建设，深以2米为宜。

2. 菌种复活

秸秆发酵活干菌每袋3克，可处理秸秆1吨或青饲料2吨。处理前先将菌种倒入25千克水中，充分溶解。可在水中加糖2克，溶解后，再加入活干菌，这样可以提高复活率，保证饲料质量。然后在常温下放置1~2小时使菌种复活，配制好的菌剂一定要当天用完。

3. 秸秆微贮的不同配方

稻麦秸秆1 000千克、活干菌3克、食盐12千克、水1 200千克；黄玉米秸秆1 000千克、活干菌3克、食盐8千克、水800千克；青玉米秸秆1 000千克、活干菌1.5克、水适量、不加食盐。将复活好的菌剂倒入充分溶解的1%的食盐水中拌匀，食盐水及菌液量根据秸秆的种类而定。用于微贮的秸秆一定要切短，喂牛用5~8厘米，养羊用3~5厘米，这样易于压实和提高微贮的利用率及保证贮料的制作质量。

4. 喷洒菌液

将切短的秸秆铺在窖底，厚20~25厘米。均匀喷洒菌液，压实后，再铺20~25厘米晒过太阳的秸秆。再喷洒菌液、压

实，直到高出窖口40厘米再封口。如果当天装窖没装满，可盖上塑料薄膜，第二天装窖时揭开塑料薄膜继续装填。

5. 加入玉米粉等营养物质

在微贮麦秆和稻秸时，添加5%的玉米粉、麸皮或大麦粉，可提高微贮料的质量。添加大麦粉或玉米粉、麸皮时，铺一层秸秆撒一层粉，再喷洒一次菌液。

6. 微贮料水分控制与检查

微贮饲料的含水量是否合适，是决定微贮饲料好坏的重要条件之一。因此，在喷洒和压实过程中，要随时检查秸秆的含水量是否合适，各处是否均匀一致，特别要注意层与层之间水分的衔接，不要出现夹干层。微贮饲料含水量在60%~65%最为理想。

含水量的检查方法：抓取秸秆试样，用双手扭拧，若有水往下滴，其含水量80%以上；若无水滴，松开手后看到手上水分很明显，约为60%；若手上有水分（反光），为50%~55%；感到手上潮湿，为40%~45%；不潮湿则在40%以下。

7. 封窖

当秸秆分层压实高出窖口40厘米时，充分压实后，在最上面一层均匀洒上食盐，再压实后盖上塑料薄膜。食盐的用量为每平方米250克，其目的是确保微贮饲料上部不发生霉坏变质。盖上塑料薄膜后，在上面撒20~30厘米厚的秸秆，覆土15~20厘米，密封。秸秆微贮后，窖池内贮料会慢慢下沉，应及时加盖土使之高出地面，并在周围挖好排水沟，以防雨水渗入。

8. 开窖

开窖时应从窖的一端开始，先去掉上边覆盖的部分土层、草层，然后揭开薄膜，从上至下垂直逐段取用。每次取完后，要用塑料薄膜将窖口封严，尽量避免与空气接触，以防二次发酵和变质。微贮饲料在饲喂前，最好再用高湿度茎秆揉碎机进行揉搓，使其成细碎丝状物，以便进一步提高牲畜的消化率。

优质秸秆微贮饲料具有醇香味和果香气味，并具有弱酸味。微贮原料中水分过多和高温发酵会造成饲料有强酸味，当压实程度不够和密封不严，则有害微生物发酵，会造成有腐臭味、发霉味。

第三节　秸秆氨化处理技术

秸秆氨化处理技术是在密闭的条件下，在稻、麦、玉米等秸秆中加入一定比例的液氨或者尿素进行处理的方法。

一、氨化方法

目前，采用的氨化方法有堆垛法、窖池法、塑料法和氨化炉法。另外，还可以利用现有的容器因地制宜进行氨化（如用大缸甚至墙角等）。氨化秸秆的主要氨源有液氨、尿素、碳酸氢铵和氨水。

（一）堆垛法

堆垛法主要在我国南方周年采用和北方气温较高的月份

采用。堆垛法是指将切碎处理的农作物秸秆堆成垛，注入氨化剂后用聚乙烯塑料薄膜进行密封氨化处理的一种方法，此法操作简便，无规模限制，适用于中小型规模养殖户。

选择地势平坦、排水较好的场地，在地面平铺厚度为0.1~0.2毫米的无毒聚乙烯塑料薄膜，将切碎处理后的秸秆（长度为3~10厘米）于底膜上堆垛，按每立方米70千克垛重确定高度与面积，同时往秸秆中加水，含水量控制到20%左右，将秸秆垛用塑料薄膜覆盖，外层用泥土或砖块压紧，防止漏气；在秸秆垛中插入多根塑料管，通入30%秸秆重量的氨水或液氮，完成后用胶布封住洞孔。若使用尿素或氢氧化铵，需按一定比例加水制成溶液，均匀喷洒在秸秆表面，层层压实，密封。日常管理中如发现薄膜破损，应及时修补，防止漏氨。

（二）袋装法

袋装法与堆垛法制作方式类似，是在塑料袋中进行秸秆密闭氨化。此法灵活方便，整袋取用，不易腐败，适用于规模较小的养殖户。氨化袋应大小适中，一般长2.5米，宽1.5米，多选用双层塑料袋；装袋时，应分层堆积，用力踩实，少留空隙，同时避免戳破；封口严实后仔细检查，防止漏气，堆放于干燥向阳处。

（三）窖池法

氨化窖池法是我国应用最为普及的一种方法，在温度较高的黄河以南地区，多数是在地面上建窖池，充分利用春、夏、秋季节气温高、氨化速度快的有利条件；而在北方较寒冷地区，夏季时间短，多利用地下或半地下窖制作氨化饲料，以便冬季利用，适用于较大规模养殖户。首先择地建窖，氨化窖应建在干燥向阳、排水方便的牛舍附近，一般是呈长方形或梯形的水泥窖，窖高2～3米，宽3～4米，长度依氨化秸秆的量而定。窖壁光滑无裂缝，不渗水。其次喷洒注氨，把秸秆切短至2～3厘米，逐层平铺于氨化窖中，每层厚度为20～30厘米；将尿素或氢氧化铵（尿素和秸秆重量比为20∶1）溶于水中配制成溶液，均匀、逐层地喷洒在秸秆表面，边装窖边压实，直至装满。最后密闭氨化，待秸秆高出窖口20～30厘米，呈圆拱形，用塑料薄膜覆盖，四周用泥土封严，防止漏气。当外界温度为15～30℃时，经20～30天即氨化完成。

二、技术操作要点

1.氨化温度

氨化秸秆的速度与环境温度关系很大，温度较高时，应缩短氨化时间。一般适宜的氨化最佳温度是10～25℃。温度在17℃时，氨化时间可少于28天；当氨化的温度高达28℃时，只需10天左右即可氨化完毕。

2.氨的用量

综合考虑氨化效果及其成本，一般氨的用量以3%为宜。根据这一数值，针对不同的氨源，其用量占秸秆重的比例为：液氨2.5%～3.0%，尿素4.0%～6.0%，氨水10%～15%，碳酸氢铵10%～15%。

3.秸秆品质

氨化秸秆必须有适当的水分，一般以25%～35%为宜。水分过低，则都吸附在秸秆中，没有足够的水分与氨结合，氨化效果差。含水量过高，不但开窖后需长时间晾晒，而且会引起秸秆发霉变质，影响氨化效果。

三、注意事项

① 在制作氨化秸秆时要严格按规定使用氨源，不可随意加大用量；如以尿素、碳酸氢铵作为氨源时，务必使其完全溶解于水后方可使用；以尿素为氨源时，要避开盛夏35℃以上的天气。

② 发酵装池时，应将液氨或氨源溶解液均匀地喷洒于秸秆上，以便于氨源与饲料混合均匀，提高秸秆氨化效果。

③ 好的氨化秸秆质地柔软，颜色呈棕色或深黄色，而且发亮。若颜色和普通秸秆一样，说明没有氨化好。氨化失败的秸秆颜色较暗，甚至发黑，有腐烂味。腐败的氨化秸秆不能饲喂家畜，只能用作肥料。

④ 要根据日常饲喂量随用、随取。每次取出氨化秸秆后，剩余部分要重新密封，以防漏气。含水量大的秸秆也可大量出料，晾干后保存。氨化好的秸秆，开封后有强烈氨味，不能直接饲喂，须将氨化好的秸秆摊开，经常翻动，经放氨后方可喂养。

⑤ 氨化饲料只能用作成年牛、羊等反刍家畜的饲料，未断奶的犊牛、羔羊应该慎用。开始饲喂时量不宜过多，可同未氨化的秸秆一起混合使用，以后逐渐增加氨化秸秆的用量，直到完全适应时再大量使用。

⑥ 给动物饲喂氨化饲料后不能立即饮水，否则氨化饲料会在其瘤胃内产生氨，导致中毒。

第四节 秸秆碱化处理技术

秸秆饲料碱化处理原理是借助于碱性物质，使秸秆饲料纤维内部的氢键结合变弱，酯键或醚键被破坏，纤维素分子膨胀，溶解半纤维素和一部分木质素，以使反刍动物瘤胃液易于渗入，瘤胃微生物发挥作用，从而改善秸秆饲料适口性，提高秸秆饲料采食量和消化率。方法有石灰处理法、氢氧化钠处理法、碳酸钠处理法、过氧化氢处理法等。

一、石灰处理法

石灰处理法简便易行，投资少，效果好。先把秸秆铡短或粉碎，按每百千克秸秆2～3千克生石灰或4～5千克石灰膏、100～120升水的比例进行配制和处理。其具体方法是先将石灰溶解于水，沉淀除渣后再把石灰水均匀泼洒搅拌到秸秆中，然后堆起熟化1～2天即可。冬季熟化的秸秆要堆放在比较温暖的地方盖好，以防止发生冰冻。若在夏季，要堆放在阴凉处，防止发热。也可把石灰配成6%的悬浊液，每千克秸秆用12升石灰水浸泡3～4天，捞出沥去水分并冲洗后即可直接饲用。若把浸好的秸秆捞出控掉石灰水踩实封存起来，过一段时间再用将会更好。

二、氢氧化钠处理法

氢氧化钠处理分为湿法处理和干法处理两种处理方式。

1. 湿法处理

方法是配制1.5%氢氧化钠溶液，按照秸秆与1.5%氢氧化钠溶液以1：（8~10）的比例，在室温下浸泡秸秆1~3天，然后将秸秆捞出，用清水漂洗，除去余碱。经处理后的秸秆饲喂家畜，可使秸秆的消化率提高，并使其能值达到优质干草的水平。

2. 干法处理

方法是使用氢氧化钠溶液喷洒，每100千克秸秆用1.5%的氢氧化钠溶液30千克，边喷洒边搅拌，然后入窖保存，也可压制成颗粒饲料，不用冲洗，直接饲喂家畜。此法处理后秸秆消化率一般可提高12%~15%。

三、碳酸钠处理法

用碳酸钠处理秸秆时，按每千克秸秆干物质用碳酸钠80克（即8%），将碳酸钠溶液均匀喷洒在切细的秸秆上，再加水使秸秆的含水量达到40%左右，在15~25℃条件下密闭保存4周左右。最后开封，将秸秆放在水泥地板上晾干，即可饲喂家畜。

四、过氧化氢处理法

用碱性过氧化氢处理秸秆。方法是过氧化氢的用量占秸秆干物质的3%，将过氧化氢溶液均匀喷洒在切细的秸秆上，再加水使秸秆的含水量达到40%左右，在15~25℃条件下密闭保存4周左右。最后开封，将秸秆放在水泥地板上晾干，即可饲喂家畜。

第五节 秸秆热喷处理技术

秸秆热喷处理就是将铡碎成约8厘米长的农作物秸秆，混入饼粕、鸡粪等，装入饲料热喷机内，在一定压力的热饱和蒸汽下，保持一定时间，然后突然降压，使物料从机内喷爆而出，从而改变其结构和某些化学成分，并消毒、除臭，使物料可食性和营养价值得以提高的一种热压力加工工艺。经热喷处理的秸秆饲料，明显增加了可溶性成分和可消化、吸收成分，使适口性变好，从而提高了饲用价值，但其设备工艺较为复杂，适合大型加工企业产业化开发。

一、热喷原理

物料在热喷处理时，利用蒸汽的热效应，在高温下使木质素熔化，纤维素分子断裂、降解，同时因高压力突然卸去，产生内摩擦力喷爆，使纤维素细胞撕裂，细胞壁疏松，从而改变了粗纤维的整体结构和化学链分子结构。在热喷处理时，物料在高压罐内1~15分钟的状态是：压力0.39~1.18兆帕、温度145~190℃、含水量25%~40%，由此使物料纤维细胞间木质素溶解，氢键断裂，纤维结晶度降低。当突然喷爆时，木质素就会熔化，同时发生若干高分子物料的分解反应；再通过喷爆的机械效应，应力集中于熔化木质素的脆弱结构区，使得壁间疏松，细胞游离，物料颗粒骤然变小，总面积增大，从而达到质地柔软和味道芳香的效果，提高了家畜对秸秆饲料的采食量和消化率。

二、热喷工艺

秸秆饲料热喷工艺是由特殊的热喷装置完成的。热喷设备包括热喷主机和辅助设备两大部分，热喷主机由蒸汽锅炉和压力罐组成。蒸汽锅炉提供中低压蒸汽，压力罐是一个密闭受压容器，是对秸秆原料进行热蒸汽处理及喷放的专用设备。辅助设备由切碎机、贮料仓、传送带、泄力罐及其他设备等组成。

原料经铡草机切碎。进入贮料罐内，经进料漏斗，被分批装入安装在地下的压力罐内，将其密封后通入0.5～1兆帕的蒸汽（蒸汽由锅炉提供，进气量和罐内压力由进气阀控制），维持一定时间（1～30分钟）后，由排料阀减压喷放，秸秆经排料阀进入泄力罐。喷放出的秸秆可直接饲喂牲畜或压制成型贮运。

三、热喷效果

热喷后由于秸秆的物理性质发生了变化，其全株采食率由50%提高到90%以上，热喷装置还可以对菜粕、棉粕进行脱毒，对鸡、鸭、牛粪便进行去臭、灭菌处理，使之成为正常的蛋白质饲料。

热喷工艺条件主要包括3个要求，即处理时的压力、保温时间和喷放压力。因此，其热喷的效果在于选择适当的上述3项指标及其配合应用。在生产中应用时，出于对设备安全、价格和管理等因素考虑，多采用低压力区（小于1.57兆帕）和长时间（3～10分钟）的处理工艺，其消化率提高的幅度小于中压力区（1.57～3.33兆帕）和短时间（1～5分钟）的处理效果，相当于中压力区效果的60%～80%，但适合于我国目前的实际情况。

第六节 秸秆制取压块饲料

秸秆制取压块饲料是指将各种农作物秸秆经机械铡切或搓揉粉碎，混配以必要的营养物质，经过高温高压轧制而成的高密度块状饲料，被人们称为牛羊的"压缩饼干"或"方便面"。秸秆压块后体积大大缩小，搬运方便，饲喂时更为方便省力，只要将秸秆压块饲料按1∶（1~2）的比例加水，使之膨胀松散即可饲喂，劳动强度低，工作效率高。

一、技术原理

秸秆制取压块饲料生产和长距离运输，可有效地调剂农区与牧区之间的饲草余缺。春、冬两季时，各地的牧草和农作物秸秆短缺，牲畜普遍缺草，而到了夏、秋两季，各种农作物秸秆及牧草资源极为丰富。在秋季通过机械加工压块饲料，使之成为适于长途运输或长期贮存的四季饲料，可有效地解决部分地区饲草资源稀少和冬、春短草的问题。

二、操作要点

1. 秸秆收集与处理

秸秆收集后要进行如下处理：一是晾晒。适宜压块加工的秸秆湿度应在20%以内，最佳为16%~18%。二是切碎或搓揉粉碎。在切碎或搓揉粉碎前一定要去除秸秆中的金属物、石块等杂物。切碎长度应控制在30~50厘米。秸秆切碎后将其堆放12~24小时，使切碎的秸秆原料各部分湿度均匀。含水量低

时，应适当喷洒一些水，湿度保持在16%~18%。

2. 添加营养物质

为了使压块饲料在加水松解后能够直接饲喂，可在压块前添加足够的营养物质，使其成为全价营养饲料。精饲料、微量元素等营养物质要根据牲畜需要和用户需求按比例添加，并混合均匀。

3. 轧块机压块

将物料推进模块槽中，产生高压和高温使物料熟化，经模口强行挤出，生成秸秆压块饲料。从轧块机模口挤出的秸秆饲料块温度高、湿度大，可用冷风机将其迅速降温，这样可有效地减少压块饲料中的水分。为了保证成品质量，必须将降温后的压块饲料摊放在硬化场上晾晒，继续降低其水分含量，以便于长期保存。

4. 秸秆压块存贮

将成品压块饲料按照要求进行包装，贮存在通风干燥的仓库内，并定期翻垛检查有无温度升高现象，以防霉变。

三、注意事项

根据地区秸秆资源条件，确定用于压块饲料生产的主要秸秆品种，首选豆科类秸秆，其次为禾本科秸秆。

秸秆无霉变是确保秸秆压块饲料质量的基本要求。因此，在秸秆收集与处理过程中应注意两点：一要确保不收集霉变秸秆；二要对收集到的秸秆进行妥善保存，防止霉变。

第四章
秸秆能源化利用技术

第一节　秸秆发电技术

　　秸秆是一种很好的清洁可再生能源，在生物质的再生利用过程中，对缓解和最终解决温室效应问题将具有重要贡献。根据秸秆利用方式的不同，主要有3种技术路线：秸秆直接燃烧发电技术；秸秆（包括谷壳）气化发电技术；秸秆/煤混合燃烧发电技术。

一、秸秆直燃发电技术

　　秸秆直燃发电技术是将秸秆直接送往锅炉中燃烧，产生高温高压蒸汽推动蒸汽轮机做功。与常规的火力燃煤电厂相比，在设备组成上几乎没有太大的差别，只是燃料用秸秆取代了煤，相应的用常规燃煤锅炉换为秸秆直燃锅炉，而在汽轮机发电机组方面则几乎没有区别。其关键技术是秸秆燃烧技术。现用于秸秆直接燃烧发电技术主要是水冷式振动炉排燃烧技术（以丹麦的BWE为代表）和流化床燃烧技术。2006年12

月正式投产的山东省国能单县生物质发电项目，是我国第一个国家级生物发电示范项目，该项目引进了丹麦BWE先进的秸秆燃烧发电技术。建设规模为一台容量为135吨/时的振动炉排高温高压锅炉和一台25兆瓦的单级抽凝式汽轮发电机组，所需燃料以破碎后的棉花秆为主，掺烧部分树枝和荆条等。浙江大学和中节能（宿迁）生物质能发电有限公司在江苏宿迁联合实施了秸秆直接燃烧发电的示范项目，这是我国自主开发、完全拥有核心技术的示范发电项目，是我国同时也是世界上第一台以稻草、小麦秸为单一燃料直接燃烧的流化床锅炉。

二、秸秆（谷壳）气化发电技术

秸秆气化发电技术的基本原理是把秸秆（谷壳）等生物质转化为可燃气，再利用可燃气推动燃气发电设备进行发电。我国目前最大的生物质气化发电项目是江苏省兴化5.5兆瓦整体气化联合循环发电项目。电厂目前安装有10台400千瓦燃气内燃机发电机组、1台1 500千瓦蒸汽轮机发电机组，配1台15兆瓦循环流化床CFB气化炉及1台余热锅炉，总装机容量5 500千瓦。燃料以稻壳为主，辅以稻草、棉花秆等农作物秸秆，每年可处理3万多吨稻壳和农作物秸秆。

秸秆发电系统的发电效率与成本都与系统的规模有关。发电规模小，初投资小，但是发电的效率差，发电的成本较高。从秸秆发电的燃料（原料）问题来看，目前秸秆/煤混燃发电技术，技术改造成本较低、收益快，是比秸秆直燃和稻壳气化发电技术更为可行的方案；从秸秆发电核心技术的问题和国外技术的成熟性方面考虑，秸秆直燃发电技术是很好的选择，尤其是采用循环流化床秸秆燃烧发电技术是未来秸秆焚烧发电技术的发展方向。

三、秸秆/煤混燃发电技术

秸秆/煤混合燃烧发电技术是将秸秆掺混于煤粉中，输送到锅炉中燃烧产生蒸汽，通过汽轮机或蒸汽轮机系统驱动发电机发电。秸秆混烧发电从锅炉加热蒸汽之后的工艺技术与常规火力发电基本相同，只是在燃料输送、锅炉燃烧器设计与制造方面有所不同。2005年12月16日，我国第一个农作物秸秆/煤粉混烧发电项目在山东枣庄十里泉发电厂竣工投产，标志着我国秸秆/煤混燃发电技术取得了新的重大进展。

第二节　秸秆制造固体燃料技术

秸秆固体燃料分为通过固化成型技术将秸秆直接固化成固体燃料和秸秆炭化成型燃料。

一、秸秆固化成型技术

1. 秸秆固化成型技术概述

秸秆固化成型技术是将秸秆粉碎，使其具有一定粒度后，放入压制成型机中，在一定压力和温度的作用下，制成棒状、块状或粒状物的加工工艺。成型燃料热性能优于木材，与中质混煤相当，而且点火容易。生产秸秆成型燃料的工艺流程为秸秆收集→干燥→粉碎→成型→燃烧→供热。

秸秆成型主要是木质素起胶黏剂的作用。木质素在植物组织中有增强细胞壁和黏合纤维的功能，当温度在70~110℃

时黏合力开始增加，在200～300℃时发生软化、液化。此时再加以一定的压力，并维持一定的热压滞留时间，可使木质素与纤维致密黏接，冷却后即可固化成型。此技术从环保角度讲不加任何添加剂，已经成为现代的主流。

2. 秸秆固化设备及其工作原理

压制成型机主要设备有螺旋挤压式和活塞冲压式。

（1）挤压式棒机

挤压式棒机是利用农作物秸秆及其他农林废弃物等原料的固有特性，经粉碎、螺旋挤压，在高温、高压条件下，木质原料中的木质素塑化使微细纤维相结合，形成棒状固体燃料。

（2）冲压式棒机

冲压式棒机是将秸秆粉碎后，在高压条件下制成棒状固体燃料的主要设备之一。该机采用温度调节器设定温度，方便操作。可利用秸秆的固有特性，通过冲压加热使秸秆塑化形成固体棒状燃料。

二、秸秆炭化制炭技术

农作物秸秆制炭是将水稻秸秆、玉米秸秆、小麦秸秆等原料烘干或晒干、粉碎，然后在制炭设备中，在隔绝空气或进入少量空气的条件下，进行加热、分解，得到固体产物（木炭）。农作物秸秆制炭产品易燃、无烟、无味、无污染、无残渣、不易破裂且形状规则，含碳量高达80%以上，热值达16 736～25 104千焦/千克。

1. 秸秆炭化工艺流程

炭化是提高秸秆生物质使用价值的重要手段，炭化方式和炭化工艺直接决定了其机械强度、热值、碳含量等主要性能指标。炭化成型工艺可以分为两类：一类是先成型后炭化，另一类是先炭化后成型。

（1）先成型后炭化工艺

先用压制成型机将松散碎细的植物废料压缩成具有一定密度和形状的燃料棒，然后用炭化炉将燃料棒炭化成木炭。先成型后炭化工艺流程为原料→粉碎干燥→成型→炭化→冷却包装。

（2）先炭化后成型工艺

先将生物质原料炭化成颗粒状炭粉，然后再添加一定量的黏结剂，用压制成型机挤压成一定规格和形状的成品炭。先炭化后成型工艺流程为原料、粉碎除杂、炭化、秸秆混合、挤压成型、干燥、包装。这种成型方式使挤压成型特性得到改善，成型部件的机械磨损和挤压过程中的能量消耗降低。但是炭化后的原料在挤压成型后维持既定形状的能力较差，贮运和使用时容易开裂和破碎，所以以压缩成型时一般要加入一定量的黏结剂。如果在成型过程中不使用黏结剂，要保证成型块的贮存和使用性能，则需要较高的成型压力，这将明显提高成型机的造价。这种成型方式在实际生产中很少见。

2. 秸秆炭化主要设备

炭化炉是缺氧干馏炭化的一种主要设备。首先制造一个四周和底层保温的箱体，四周选用珍珠岩和耐火砖保温，炉体大小需要设计，炭化炉总高2 560毫米、长2 600毫米、宽2 180毫米（带引火装置）。炉体用槽钢、角钢焊合，外壁采用

1.0～2.5毫米铁皮，内壁夹层为耐火砖。炉内安装有支撑炭棒的钢筋算子，两端为活动门，密封性能要好，升启要方便。炭化炉主要通过对各种作物秸秆制成的棒料和块料或其他含碳物质的棒料（如木柴、树枝、各种果壳等）进行缺氧干馏炭化制取木炭。

第三节　秸秆转化沼气技术

秸秆沼气技术是以秸秆为发酵原料，在隔绝空气并维持一定温度、湿度、酸碱度等条件下，经过沼气细菌的发酵作用生产沼气。根据秸秆处理工艺，沼气发酵可分为干法和湿法发酵两类；另外从工程规模和利用方式上又可分为村户用秸秆沼气和规模化秸秆沼气工程两类。

一、农村户用秸秆沼气技术

1.户用沼气池型

为适应以秸秆为主要发酵原料的发酵工艺及运行管理的特别要求，必须对容积为6～10米³的圆筒形沼气池、预制混凝土板装配沼气池、椭球形沼气池等3种池型进行适当的改进。主要措施如下。①所有沼气池应该按照国家标准，必须设置天窗口和活动盖。②进料管要加粗，设置为"Y"形管，短管分别与厕所、猪圈连通，长管为秸秆专用进料通道，其内径不得小于300毫米。③出料口由圆形改为带有台阶的长方形，采用底层出料建造形式，并设置2～3级踏步，以便于出料操作。④在沼气池拱部设置回流管等搅拌装置。同时，为了日常小批量进料的酸化预处理以及暂存日常沼液，在进料口旁设置0.2～0.3米^{3}的预处理池，要求所有沼气用户每3～5天强回流1次。这样，不仅可以加快产气，还可以很好地解决沼气池上层原料结壳的问题。

2. 秸秆原料的预处理

对秸秆进行预处理，是提高秸秆利用率和产气率的一种有效的手段，成为目前秸秆沼气利用研究的重要内容。

（1）秸秆备料

秸秆应选择本地有营养价值的秸秆，如玉米秸秆、麦秸、稻草等，呈风干状态，未腐黑、霉变，不能受农药、消毒液等的污染。6米^{3}沼气池秸秆用量为300千克，8米^{3}沼气池秸秆用量为400千克，10米^{3}沼气池秸秆用量为500千克。秸秆的投池量要达到或略超过批量投料量，剩余堆沤好的秸秆可摊晒晾干后收藏，用于今后补料。

（2）秸秆处理

秸秆处理的核心是利用秸秆预处理复合菌剂对秸秆进行入池前处理。通过秸秆预处理复合菌剂，破坏秸秆表面的蜡质层，加强半纤维素和纤维素的分解，使秸秆柔软、疏松，便于厌氧微生物利用，解决以前沼气池利用秸秆所造成的启动慢、分解率较低等难题。秸秆处理的步骤如下。① 秸秆铡短。即用铡草机将秸秆铡成3～6厘米；玉米秸秆则需要用具有揉搓功能的秸秆揉搓机粉碎。对于机械化收割的稻麦秸秆，由于质地较松软，也可不粉碎整草入池。每立方米沼气池需秸秆50千克以上。② 秸秆润湿。即将秸秆加水进行润湿（比例1∶1），操作时边加水（最好用粪水）边翻料，润湿要均匀。润湿15～24小时后，用塑料布覆盖。③ 原料拌制。以

8米³沼气池为例（用400千克秸秆），将1千克预处理复合菌剂和5千克农用碳酸氢铵（含氮量不小于17.1%）分层均匀撒到已润湿的秸秆上，边翻、边撒、边补充水分，将秸秆、菌剂和碳酸氢铵进行拌和，一般需要翻2次使之混合均匀。补充水量320～400千克，保证秸秆含水率在65%～70%。④秸秆收堆。即将拌匀的秸秆自然收堆，堆宽为1.2～1.5米，堆高为1.0～1.5米（热天宜矮，冬天宜高）。并在料堆四周及顶部，每隔30～50厘米用尖木棒扎孔若干，以利通气。⑤秸秆堆沤。即用塑料布覆盖，防止水分蒸发和下雨淋湿，覆盖时在料堆底部距地面留10厘米空隙，以便透气、透风。夏季的堆沤时间为3～4天，春秋季为4～5天，冬季为6天以上。冬天宜在料堆上加盖稻草进行保温。待堆垛内温度达到50℃以上后，维持3天。当堆垛内能看到一层白色菌丝，秸秆变软呈黑褐色时，堆料即可入池。

3. 混料入池

将堆沤好的秸秆趁热直接由天窗口加入，同时加入10千克碳酸氢铵和接种物1 500千克。为保证加入均匀，应先进一部分秸秆，再进一部分接种物，如此反复，直至进完为止。

4. 补水封池

补水（温水）至零压水位线处，并在沼气池内料堆上用长杆打孔若干，保证出气顺畅。选用水的顺序为沼液、粪水、坑塘水、河水、井水，pH值为6.5～7.5，且未受毒害物质污染。过于偏酸或过于偏碱的水应调节好酸碱度后再使用。调节方法：偏酸应加入草木灰或澄清的石灰水溶液。偏碱的情况不多见，加醋酸可以调节。有条件的应将水晒热后加入沼气池中，以提高启动时的池温。值得注意的是，不要将含有洗涤液或消毒液的水倒入沼气池。最后用无杂质、沙石的黄黏土捶打揉熟后封池。

5. 点火试气

放气2~3天，把杂气排完，开始试火。若点不着，则应继续放气，直至点着。先用打火机在灶具上点试气（甲烷含量在30%上时，打火机能点着）。烧1~2天后，才能在灶具上打着火（甲烷含量在55%以上），正常用气，秸秆沼气启动成功。

6. 补充原料

对于以秸秆为主原料的沼气池，随着沼气的利用，秸秆会有一定消耗，沼气池运行中产气量出现较大波动时，应不间断地予以搅拌。一般在产气量不能维持每天正常使用时（4个月以后），可适当补加一部分堆沤好的秸秆。具体方法：先出一部分渣料，把堆制时贮存的预处理好的秸秆从进料口加入，每次加50千克，从出料口用沼液冲入进料口进行强回流，使秸秆与沼液充分混合，保证正常供气。补料时应坚持"先出后进，少量多次"的原则。出料应观察压力表指示变化情况，压力表指示接近"0"时停止出料，防止出现负压损坏池体。值得指出的是，养猪户无须补料（主要是"一池三改"），无猪户适当补加料。

7. 大出渣料

在沼气池运行6~8个月之后，池中秸秆消耗殆尽，需要大出渣料（结合农时）。以8米^{3}沼气池为例，原料全部采用秸秆，每年最多需投料2次。尽量不要在温度低时大出渣料。在保证沼气池内无沼气残留的情况下，可将天窗盖打开，先用齿

耙将上层部分耙出，然后用真空抽渣车直接吸出中部、底部相对较稀的部分。出料时，注意保留底部1/3沼渣和沼液，留待下次进料做接种物使用。

8. 沼气池的温度及增保温措施

常温发酵沼气池，温度越高沼气产量越大，因此应尽量设法使沼气池背风向阳。冬季到来之前，防止池温大幅度下降和沼气池冻坏，应在沼气池表面覆盖柴草、塑料膜或塑料大棚。"三结合"沼气池，要在畜圈上搭建保温棚，以防粪便冻结；农作物秸秆等堆沤时产生大量热量，正常运转期间可在池外大量堆沤秸秆，给沼气池进行保温和增温。采用覆盖法进行保温或增温，其覆盖面积都应大于沼气池的建筑面积，从沼气池壁向外延伸的长度应稍大于当地冻土层深度。

9. 注意事项

① 沼气发酵启动过程中，试火应在燃气灶具上进行，禁止在导气管口试火。

② 沼气池在大换料及出料后维修时，要把所有盖口打开，使空气流通，在未通过动物实验证明池内确系安全时，不允许工作人员下池操作。

③ 池内操作人员不得使用明火照明，不准在池内吸烟。

④ 下池维修沼气池时不允许单人操作，下池人员要系安全绳，池上要有人监护，以防万一发生意外可以及时进行抢救。

⑤ 沼气池进出料口要加盖。

⑥ 输气管道、开关、接头等处要经常检修，防止输气管路漏气和堵塞。水压表要定期检查，确保水压表准确反映池内压力变化。要经常排放冷凝水收集器内的积水，以防管道发生水堵。

⑦ 在沼气池活动盖密封的情况下，进出料的速度不宜过快，保证池内缓慢升压或降压。在沼气池日常进出料时，不得使用沼气燃烧器和有明火接近沼气池。

二、规模化秸秆沼气工程

规模化秸秆沼气工程技术是指以农作物秸秆（玉米秸秆、小麦秸秆、水稻秸秆等）为主要发酵原料，单个厌氧发酵装置容积在300米^{3}以上，生产沼气、沼渣和沼液的技术。其中，沼气可通过管道或压缩装罐作为优质清洁能源，可以向农户供气，也可以发电或烧锅炉，或者净化提纯后并入天然气管网或作为车用燃气；沼渣、沼液经深加工制成含腐殖酸水溶肥、叶面肥或育苗基质等，应用于蔬菜、果树及粮食生产，可有效提高农产品品质和产量，减少化肥使用量，增加土壤有机质。

1. 秸秆贮存

农作物秸秆贮存设施的容积应根据秸秆特性、收获次数、消耗量等因素确定，通常以秸秆收获周期内需要消耗的秸秆量进行设计和贮存，以保证原料供应。自然堆放秸秆水分含量应小于18%，青贮秸秆水分含量控制在65%～75%。

2. 秸秆预处理

秸秆原料的预处理有物理、化学和生物等方法。

（1）物理预处理

主要是利用机械、热等方法来改变秸秆的外部形态或内部组织结构，如机械剪切或破碎处理、蒸汽爆破、膨化等。

（2）化学预处理

使用酸、碱、有机溶剂等作用于秸秆，破坏细胞壁中半纤维素与木质素形成的共价键，破坏纤维素的结晶结构，打破木质素与纤维素的连接，达到提高秸秆消化率的目的，如酸处理、碱处理、氨处理和氧化还原试剂处理等。

（3）生物预处理

在人工控制下，利用一些细菌、真菌等微生物的发酵作用来处理秸秆，如青贮、白腐菌处理等。

3. 沼气生产

规模化秸秆沼气工程选用的工艺需根据原料特性及工艺特点，经技术、经济分析比较后确定，要能适应两种或两种以上秸秆的物料特性及发酵要求。

4. 沼气净化与利用

沼气的净化一般包括脱水、脱硫和脱碳。选择净化方法时除了考虑成本外还应尽量考虑便于日常运行管理。目前大多数沼气工程采用的脱硫方法一般为化学干法脱硫（氧化铁脱硫法）和生物脱硫。沼气提纯主要是进行脱碳净化，即通过分离沼气中的二氧化碳提高甲烷含量，此外还需脱除沼气中的硫化氢和水分，使之满足最终使用要求。沼气脱碳技术多源于天然气、合成氨变换气脱碳技术，包括物理吸收法、化学吸收法、变压吸附法、膜分离法和低温分离法等。

5. 注意事项

（1）消防系统

场区消防系统应设计成环状管网，同时管网应与工程所在地消防系统与市政给水管网相接。在工程区域内应设置至少2座室外地下式消火栓。室内宜设置手提式干粉灭火器。

（2）危险物料的安全控制

大中型秸秆沼气工程设计为密闭系统，使秸秆等可燃物料和沼气等易燃易爆气体处于密闭的设备和管道中，各个生产环节的连接处采用可靠的密封措施。秸秆的可燃物堆放场所的消防车道应保持畅通，消防工具应完备有效，周围地区严禁烟火；在沼气等易燃气体易聚集的场所，需设置可燃气体浓度报警器，并将报警信号送至控制室。

（3）建筑（构）物防雷

建筑（构）物为二类防雷建筑，建筑物的防雷装置应满足防直击雷、防雷电感应及雷电波的侵入，并设置总等电位联结。在厌氧发酵装置、楼房顶部均应作避雷带，凡突出屋面的所有金属构件均应与避雷带可靠焊接。

（4）应急疏散与火灾报警

建筑各走道、门厅、楼梯口均应设置疏散用应急照明，在疏散走道和门厅及消防控制室、消防泵房等应设置疏散标志灯，在建筑物通向室外的正常出口和应急出口等均应设置出口标志灯。根据项目实际情况设置火灾报警和联动控制系统，覆盖整个项目区域。火灾报警电话：119。

第四节　秸秆制取酒精技术

利用秸秆制取酒精是指以农作物秸秆为原料，经过物理或化学方法预处理，利用酸解或酶解方法将秸秆中的纤维素和半纤维素降解为单糖，再经过发酵和脱水制取酒精。概括来说，分为预处理、水解、发酵和脱水几个步骤。

一、预处理

由于秸秆中的纤维素被难以降解的木质素所包裹，未经预处理的植物纤维原料的天然结构存在许多物理和化学的屏障作用，阻碍纤维素酶接近纤维素表面，使纤维素酶难以发挥作用，所以纤维素直接酶水解的效率很低。因此，需要采取预处理措施，除去木质素、溶解半纤维素或破坏纤维素的晶体结构，以便利于纤维素酶的作用。目前，纤维素原料的预处理方法很多，包括物理法、化学法、生物法以及以上几种方法的联合作用。

1. 物理法

主要通过切断、研磨等工艺使生物质的颗粒变小，增加表面积，使与纤维素酶的接触面积变大，同时破坏纤维素的晶体结构。切断后原料长度通常为10～30毫米，碾磨后原料长度为0.2～2.0毫米。振动球磨对降低云杉和白杨木片纤维素的结晶度比传统球磨效率更高。机械粉碎需要的动力消耗由农林业废弃物原料的性质和最终碾磨的粒度所决定。物理法预处理需要较多能量，预处理成本高，而且水解得率低。

2. 化学法

用酸、碱或有机溶剂进行处理。稀酸预处理与酸水解相似，通过将原料中的半纤维素水解为单糖，达到使原料结构疏松的目的。水解得到的糖液也可用作发酵。对于软木的预处理，可采用两级稀酸预处理方法，减少单糖的分解和有害杂质的产生。

碱处理是利用木质素能溶解于碱性溶液的特点，用稀氢氧化钠或氨溶液处理纤维素，破坏木质素结构，便于酶水解进行。近年来，人们较为重视使用氨溶液处理的方法，通过加热可容易地将氨气回收后循环使用。

化学法预处理的不利因素是处理后的原料在产酶或酶解前需用酸或碱中和，产酶时间较长。

3. 生物法

在生物预处理法中，褐腐菌、白腐菌和软腐菌等微生物被用来降解木质素和半纤维素。褐腐菌主要攻击纤维素，白腐菌和软腐菌攻击纤维系和木质素。生物预处理法中最有效的白腐菌是担子菌类。生物预处理的优点是能耗低，所需环境条件温和。但是生物预处理后水解得率很低。利用白腐菌预处理的一个主要缺点是白腐菌在除去木质素的同时，分解消耗部分纤维素和半纤维素。

4. 联合法

包括蒸汽爆破、氨纤维素爆破和二氧化碳爆破等。

蒸汽爆破法是常用的木质纤维原料预处理方法，适合于植物纤维原料的预处理。其主要工艺是：首先用蒸汽将纤维素加热到200～240℃，并维持0.5～20分钟，在高温和高压的作用下，使木质素发生软化；然后迅速打开阀门减压，造成纤维素晶体和纤维束爆裂，使木质素和纤维素分离。该方法由于高温引起半纤维素降解，木质素转化，使纤维素溶解性增加。蒸汽爆破法预处理的杨木片酶法水解效率可达90%，而未经预处理的木片水解效率仅为15%。

氨纤维素爆破与蒸汽爆破的原理相似，液体氨在高温（90～95℃）和高压的条件下与纤维素发生反应，维持20～30分钟后，迅速减压，造成纤维素晶体的爆裂。1千克纤维素

（干物料）需用1~2千克的氨，一般需将氨回收循环使用。氨纤维素爆破预处理可以显著提高各种草本植物的多糖得率，可以用来处理麦草、麦糠、大麦草、玉米秸秆、水稻秸秆、城市固体废料、针叶木新闻纸、红麻新闻纸、杨木片和甘蔗渣等纤维原料。

二氧化碳爆破与上述两种方法类似，只是用二氧化碳替代氨，但效果较前者差。

二、水解

秸秆预处理后，需对其进行水解，使其转化成可发酵性糖。水解是破坏纤维素和半纤维素中的氢键，将其降解成可发酵性糖：戊糖和己糖。纤维素水解只有在催化剂存在下才能显著进行。常用的催化剂是无机酸和纤维素酶，由此分别形成了酸水解工艺和酶水解工艺。

1. 酸水解

纤维素的结构单位是D-葡萄糖，是无分支的链状分子，结构单位之间以糖苷键结合而成长链。

纤维素分子中的化学键在酸性条件下是不稳定的。在酸性水溶液中纤维素的化学键断裂，聚合度下降，其完全水解产物是葡萄糖。纤维素酸水解的发展已经历了较长时间，水解中常用无机酸（硫酸或盐酸），可分为浓酸水解和稀酸水解。稀酸水解要求在高温和高压条件下进行，反应时间几秒或几分钟，在连续生产中应用较多；浓酸水解相应地要在较低的温度和压力条件下进行，反应时间比稀酸水解长得多。由于浓酸水解中的酸难以回收，目前主要用的是稀酸水解。

2. 酶水解

自然界中存在许多细菌、霉菌和放线菌以纤维素作为碳和能量的来源。它们能产生纤维素酶，将纤维素分解为单糖，但在自然条件下微生物分解纤维素的速度很慢。

目前最成功生产纤维素酶的菌株来自木霉、曲霉、青霉、裂褶菌等，其中研究最多的是木霉。绿色木霉通过多次诱变可以得到高效的纤维素酶。随着基因技术的发展，对纤维素酶及其菌株的研究也发展到基因层面上。例如，国外使用基因技术将纤维素酶基因克隆到细菌、酵母、霉菌甚至植物中，以便在新酶生产中改进酶的产量和提高酶的活力。

三、发酵

从葡萄糖转化成酒精的生化过程非常简单，通过传统的酒精酵母，使反应在30℃条件下进行。半纤维素构成了农作物秸秆的相当部分，其水解产物为以木糖为主的五碳糖，还有相当量的阿拉伯糖生成，故五碳糖的发酵效率是决定过程经济性的重要因素。目前，主要的发酵方法有以下几种。

1. 直接发酵法

该方法是基于纤维分解细菌直接发酵纤维素生产酒精，不需要经过酸水解或酶水解等前处理过程。该方法一般利用混合菌直接发酵，如热纤梭菌可以分解纤维素，但酒精产率较低（50%），热硫化氢梭菌不能利用纤维素，但酒精产率相当高，进行混合发酵时产率可达70%。

2. 间接发酵法

该方法首先用纤维素酶水解纤维素，酶解后的糖液作为发酵碳源。

3. 五碳糖的发酵

半纤维素一般占木质原料的10%~40%，比较容易水解，产物是以木糖为主的五碳糖，农作物废弃物和草水解时还生成相当量的阿拉伯糖（可占五碳糖的10%~20%），所以，五碳糖的发酵效率是影响纤维素原料发酵的重要因素。一般酵母菌除了可以发酵葡萄糖外，还可发酵半乳糖和甘露糖，但不能发酵阿拉伯糖。

目前已经筛选出不少适用于木酮糖发酵的酵母，并得到了较高的酒精产率（每克木糖产0.41~0.49克）。

4. 同时糖化和发酵工艺

同时糖化和发酵工艺是指把经预处理的生物质、纤维素酶和发酵用微生物加入一个发酵罐内，使酶水解和发酵在同一装置内完成，实际上也可用几个发酵罐串联生产。目前，它已经成为最有前途的生物质制取酒精的工艺。

5. 固定化细胞发酵

固定化细胞发酵能使发酵罐内细胞浓度提高，细胞可连续使用，使最终发酵酒精浓度得以提高。常用的载体有海藻酸钠、卡拉胶、多孔玻璃等。固定化细胞的新动向是混合固定细胞发酵，如酵母与纤维二糖酶一起固定化，将纤维二糖基质转化成乙醇。此法被认为是秸秆生产酒精的重要方法。

四、脱水

经过预处理和发酵后得到的酒精，浓度不符合燃料酒精的要求，应用价值不高，后续还需脱水，这也是生产燃料酒精的关键技术之一。一般情况下，将发酵液中的酒精制成无水酒精所需能耗要占到整个燃料酒精生产过程的50%~80%。目前，脱水的方法主要有以下几种。

1. 精馏法

由于酒精与水存在着共沸点，采用普通精馏法无法得到99%以上的无水酒精。传统的较成熟精馏法如恒沸精馏或萃取精馏脱水效果较好，即往酒精—水混合物中加入第三组分，以改变体系中酒精和水的相对挥发度，例如以苯、环己烷等作为恒沸剂，乙二醇作为萃取剂等。这些方法处理量大，生产稳定，运行周期长，但能耗较高。

2. 渗透汽化法

渗透汽化法是一种膜分离方法，利用膜对液体混合物中各组分溶解扩散性能的不同而实现分离。渗透汽化分离膜一侧接触液体混合物，另一侧通常抽成真空，使透过物汽化后冷凝收集，或者采用惰性气体将透过物带走。

3. 变压吸附脱水法

利用吸附剂对混合物中不同组分的选择性吸附作用来制备无水酒精，具有吸附好、能耗低、使用和再生温度低、价格便宜等优点。常用的吸附剂有分子筛、活性炭、生石灰、硅胶、氧化铝等。这些吸附剂对水的吸附性很强，对酒精的吸附力很弱。

第五节 秸秆热解气化技术

秸秆热解气化是指秸秆原料在缺氧状态下发生热化学

反应转化为气体燃料的能量转换过程。秸秆是由碳、氢、氧等元素组成的，当秸秆原料在气化炉中燃烧时，随着温度的升高，燃烧秸秆干燥、裂解反应、氧化反应、还原反应4个阶段。秸秆燃气经冷却、除尘、除焦等处理后，可供民用炊事、取暖、发电等使用。

一、秸秆气化技术类型

按照气化剂的不同，可以将秸秆气化技术分为干馏气化、空气气化、氧气气化、水蒸气气化、水蒸气—空气气化和氢气气化等。

1. 干馏气化

属热解的一种特例，是指在缺氧或少量供氧的情况下，秸秆进行干馏的过程（包括木材干馏）。主要产物为醋酸、甲醇、木焦油、木馏油、木炭和可燃气。可燃气的主要成分是二氧化碳、一氧化碳、甲烷、乙烯和氢气等，其产量和组成与热解温度和加热速率有关。燃气的热值为15兆焦/米^3，属中热值燃气。

2. 空气气化

以空气作为气化剂的气化过程。空气中氧气与秸秆中可燃组分发生氧化反应，提供气化过程中其他反应所需热量，并不需要额外提供热量。由于空气随处可得，不需要消费额外能源进行生产，所以它是一种极为普遍、经济、设备简单且容易实现的气化形式。

3. 氧气气化

以纯氧作为气化剂的气化过程。在反应过程中，如果严格地控制氧气供给量，既可保证气化反应所需的热量，不需要额外的热源，又可避免氧化反应生成过量的二氧化碳。同空气气化相比，由于没有氮气参与，提高了反应温度和反应速度，缩小了反应空间，提高了热效率。同时，秸秆燃气的热值提高到15兆焦/米^3，属于中热值燃气，可与城市煤气相当。但是，生产纯氧需要耗费大量的能源，故该项技术不适于在小型的气化系统使用。

4. 水蒸气气化

以水蒸气作为气化剂的气化过程。气化过程中，水蒸气与碳发生还原反应，生成一氧化碳和氢气，同时一氧化碳与水蒸气发生变换反应和各种甲烷化反应。典型的秸秆燃气产物中氢气和甲烷的含量较高，燃气热值可达到17～21兆焦/米^3，属于中热值燃气。水蒸气气化的主要反应是吸热反应，因此需要额外的热源，但是反应温度不能过高。该项技术比较复杂，不易控制和操作。

5. 水蒸气—空气气化

主要用来克服空气气化产物热值低的缺点。从理论上讲，水蒸气—空气气化比单独使用空气或水蒸气作为气化剂的方式优越，因为减少了空气的供给量，并生成更多的氢气和碳氢化合物，提高了燃气的热值。此外，空气与秸秆的氧化反应，可提供其他反应所需的热量，不需要外加热系统。

6. 氢气气化

以氢气作为气化剂的气化过程。主要气化反应是氢气与固定碳及水蒸气生成甲烷的过程。此反应可燃气的热值为22.3～26兆焦/米^3，属于高热值燃气。氢气气化反应的条件极

为严格，需要在高温高压下进行，一般不常使用。

二、秸秆气化设备

秸秆气化反应发生在气化炉中，气化炉是气化反应的主要设备。在气化炉中，秸秆完成气化反应过程转化为秸秆燃气。针对其运行方式的不同，可将气化炉分为固定床气化炉和流化床气化炉。

1. 固定床气化炉

固定床气化炉的气化反应一般发生在一个相对静止的床层中，生物质依次完成干燥、热解、氧化和还原反应。根据气流运动方向的不同，固定床气化炉又可分为下吸式、上吸式和横吸式。

2. 流化床气化炉

流化床气化炉多选用惰性材料（如石英砂）作为流化介质，首先使用辅助燃料（如燃油或天然气）将床料加热，然后秸秆进入流化床与气化剂进行气化反应，产生的焦油也可在流化床内分解。流化床原料的颗粒度较小，以便气、固两相充分接触反应，反应速度迅速，气化效率高。流化床气化炉又可分为鼓泡床气化炉、循环流化床气化炉、双床气化炉和携带床气化炉。

三、秸秆燃气

秸秆燃气是由若干可燃气体（CO、H_2、CH_4、H_2S等）、不可燃成分（CO_2、N_2、O_2等）以及水蒸气组成的混合气体，易于运输和存储，提高了燃料的品质。

1. 秸秆燃气的净化

气化炉出来的可燃气（称为粗燃气）中含有一定的杂质，不能直接使用，需要对粗燃气进行进一步的净化处理，使之符合有关燃气的质量标准。粗燃气中的杂质是复杂和多样的，一般可分为固体杂质和液体杂质。固体杂质包括灰分和细小的炭颗粒，液体杂质包括焦油和水分。针对秸秆燃气中杂质的多样性，需要采用多种设备组成一个完整的净化系统，进行冷却及清除灰分、炭颗粒、水分和焦油等杂质。

2. 除焦油技术

在秸秆气化过程中，无法避免地要产生焦油。焦油的成分非常复杂，大部分是苯的衍生物及多环芳烃，含量大于5%的成分有萘、甲苯、二甲苯、苯乙烯、酚和茚等，在高温下呈气态，当温度降低至200℃时凝结为液态。焦油的存在影响了燃气的利用，降低了气化效率，并且容易堵塞输气管道和阀门，腐蚀金属，影响系统正常使用，因此，应当去除。去除秸秆燃气中焦油的主要技术有水洗、过滤、静电除焦和催化裂解。

四、秸秆气化集中供气系统

秸秆燃气是一种高品质的能源，可以暂时存储起来，需要使用时通过输气管网送至最终用户。我国在20世纪90年代发展起来一项供气技术——秸秆气化集中供气系统。它是以农村量大面广的各种秸秆为原料，向农村用户供应燃气，应用于炊事，改善农民原有以薪柴为主的能源消费结构。

1. 集中供气系统

集中供气系统的基本模式为：以自然村为单元，系统规模为数十户至数百户，设置气化站（贮气柜设在气化站内），铺设管网，通过管网输送和分配秸秆燃气到用户的家中。

集中供气系统包括原料前处理装置（切碎机）、上料装置、气化炉、净化装置、风机、贮气柜、安全装置、管网和用户燃气系统等设备。

秸秆类原料首先用切碎机进行前处理，然后通过上料机构送入气化炉中。秸秆在气化炉中发生气化反应，产生粗煤气，由净化系统去除其中的灰分、炭颗粒、焦油和水分等杂质，并冷却至室温。经净化的秸秆燃气通过燃气输送机被送至贮气柜，贮气柜的作用是贮存一定容量的秸秆燃气，以便调整炊事高峰时用气，并保持恒定压力，使用户燃气灶稳定地进行工作。气化炉、净化装置和燃气输送机统称为气化机组。贮气柜中秸秆燃气通过管网分配到各家各户，管网由埋于地下的主干及支管路组成，为保证管网安全稳定的运行，需要安装阀门、阻火器和集水器等附属设备。用户的燃气系统包括室内燃气管道、阀门、燃气计量表和燃气灶，因秸秆燃气的特性不同，需配备专用的燃气灶具。用户如果有炊事的要求，只要打开阀门，点燃燃气灶就可以方便地使用清洁能源，最终完成秸秆能转化和利用过程。

2. 秸秆气化集中供气系统主要设备

主要设备包括：粉碎机、加料机、气化炉、旋风除尘器、洗涤塔、真空泵、净化分离器、贮气柜、管网等。

（1）粉碎机、加料机

分别为粉碎物料和对气化炉进行加料时使用的设备。

（2）气化炉

气化炉是将秸秆原料通过热裂解还原反应产生燃气的设备。

（3）旋风除尘器

采用普通切向式旋风分离进行除尘。

（4）洗涤塔

洗涤塔是采用雾化喷淋装置对燃气进行冷却，除焦油、灰分的设备。进行雾化喷淋的水循环使用。燃气通过冷凝，焦油及灰分与雾化喷淋水凝结顺着管壁、板壁流下，从溢流口溢出，通过地沟流入循环池。

（5）真空泵

真空泵为系统动力源，采用水环式真空泵为燃气提供动力。

（6）净化分离器

净化分离器是进一步对燃气净化，除焦油、灰分的设备。

（7）贮气柜

贮气柜可根据用户的条件和要求，选用湿式或干式贮气柜两种形式，根据材料的不同又可分为气袋式和钢柜式（全钢柜和半钢柜）。

（8）管网

秸秆燃气输送至用户，可采用水、煤气钢管和MDPE管等，户内使用镀锌管，并配专用煤气表、灶。

3. 秸秆气化集中供气系统注意问题

一是防止一氧化碳中毒。气化集中供气用户以农民为主，对此更应给予足够的重视。二是二次污染问题。粗燃气含有焦油等有害杂质，采用水洗法净化过程中会产生大量含有焦油的废水，如果随意倾倒，就会造成对周围土壤和地下水的局部污染。如何处理好这些污染物，不使这些污染物对环境造成更为严重的二次污染，是秸秆气化集中供气系统所面临的突出问题。三是减少燃气中的焦油含量。由于系统的规模较小，对秸秆燃气中的焦油净化得并不完全，已净化燃气中焦油含量比较高，在实际使用过程中，给系统长期稳定运行和用户带来了一定的困扰。

第五章
秸秆原料化利用技术

第一节　秸秆清洁制浆技术

　　农作物秸秆是我国非木材纤维资源的主要组成部分，秸秆制浆已占非木材制浆产量的65%左右。利用小麦、玉米、稻草、芦苇、葡萄藤等农作物秸秆为原料进行制浆，实现了资源到产品到再生资源的良性循环，充分利用了当地的废弃秸秆资源，变废为宝。现在还可以利用玉米秸秆、棉秆等进行无污染制浆，生产箱板纸和高强瓦楞原纸，而且工艺简单，成本低廉，实现变废为宝、合理生产的好办法（图5-1、图5-2）。

图5-1　秸秆造纸生产线

图5-2　高强瓦楞原纸

一、有机溶剂制浆技术

（一）技术概述

有机溶剂法提取木质素就是充分利用有机溶剂（或和少量催化剂共同作用下）良好的溶解性和易挥发性，达到分离、水解或溶解植物中的木质素，使得木质素与纤维素充分、高效分离的生产技术。生产中得到的纤维素可以直接作为造纸的纸浆；而得到的制浆废液可以通过蒸馏法回收有机溶剂，反复循环利用，整个过程形成一个封闭的循环系统，无废水或少量废水排放，能够真正从源头上防治制浆造纸废水对环境的污染；而且通过蒸馏，可以纯化木质素，得到的高纯度有机木质素是良好的化工原料，也为木质素资源的开发利用提供了一条新途径，避免了传统造纸工业对环境的严重污染和对资源的大量浪费。近年来有机溶剂制浆中研究较多的、发展前景良好的是有机醇和有机酸法制浆。

（二）技术流程

以常压下稻草乙酸法制浆为例，流程为：长度为2～3厘米稻草在液比12：1、0.32% H_2SO_4 或0.1% HCl的80%～90%乙酸溶液中制浆3小时。粗浆用80%的乙酸过滤和洗涤3次，然后用水洗涤。过滤的废液和乙酸洗涤物混合、蒸发、减压干燥。水洗涤物注入残余物中。水不溶物（乙酸木素）经过滤、水洗涤，然后冻干。滤液和洗涤物结合、减压浓缩获得水溶性糖。粗浆通过200目的筛进行筛选，保留在筛子上的是良浆，经过筛的细小纤维浆用过滤法回收。

（三）技术操作要点

1. 原料

原料为收集好的麦草。储存期1年左右，含水量为9.5%。人工切割，长度3厘米左右，风干后储存于塑料袋中平衡水分备用。

2. 制浆

将麦草和95%的乙酸按液比10∶1加入到带回流装置的圆底烧瓶内，常压下煮沸1小时，此为预浸处理。冷却，把预处理液倾出，同时加入95%的乙酸水溶液及一定量的硫酸蒸煮，液比为10∶1。

3. 洗浆

分离粗浆和蒸煮黑液。粗浆经醋酸水溶液和水相继洗涤后，疏解、筛选得到细浆。

4. 蒸煮废液的处理

将蒸煮废液与粗浆的乙酸洗涤液混合后用旋转蒸发器浓缩，回收的乙酸用于蒸煮或洗涤，浓缩后的废液中注入8倍量的水使木素沉淀。经沉淀、过滤后与上清液分离，沉淀即为乙酸木素，滤液为糖类水溶液（主要来自半纤维素降解）和少量的木素小分子。

5. 检测

细浆用立式打浆机打浆，浆浓为10%。采用凯赛快速抄片器进行抄片，纸页定量60克/米^2。在标准条件下平衡水分后按照国家标准方法测定纸页的性质。

二、生物制浆技术

（一）技术概述

生物制浆是利用微生物所具有的分解木质素的能力，除去制浆原料中的木质素，使植物组织与纤维彼此分离成纸浆的过程。生物制浆包括生物化学制浆和生物机械制浆。生物化学法制浆是将生物催解剂与其他助剂配成一定比例的水溶液后，其中的酶开始产生活性，将麦草等草类纤维用此溶液浸泡后，溶液中的活性成分会很快渗透到纤维内部，对木质素、果胶等非纤维成分进行降解，将纤维分离。

（二）技术流程

干蒸法制浆是将麦草等草类纤维浸泡后，沥干，用蒸汽升温干蒸，促进生物催解剂的活性，加快催解速度，最终高温杀酶，终止反应。制浆速度快，仅需干蒸4～6小时即可出浆。其主要技术流程为：浸泡、沥干、装池（球）、生物催解、干蒸、挤压、漂白制浆。

（三）技术操作要点

1. 浸泡

干净干燥的麦草（或稻草）投入含生物催解剂的溶液中浸泡均匀，约30分钟最好。

2. 沥干

将浸泡好的麦草捞出后沥干水分，沥出的浸泡液再回用到原浸泡池中。

3. 装池（球）

将沥干后的麦草或稻草装入池或球中压实。

4. 生物催解

在较低的温度下进行生物催解，将木质素、果胶等非纤维物质降解，使之成为水溶性的糖类物质，以达到去除木质素，保留纤维的目的。

5. 干蒸

生物降解达到一定程度后即可通入蒸汽，温度控制在 90~100℃，时间3~5小时，杀酶终止降解反应，即可出浆。

6. 挤压

取出蒸好的浆，用盘磨磨细，放入静压池或挤浆机，用清水冲洗后挤干。静压水可直接回浸泡池作补充水，也可絮凝处理后达标排放或回用。

7. 漂白制浆

挤压好的浆可直接进行漂白制浆，漂白后浆白度可达 80%~90%，可生产各种文化用纸、生活用纸等。未漂浆可直接做包装纸、箱纸板、瓦楞原纸等。

三、DMC清洁制浆技术

（一）技术概述

在草料中加入碳酸二甲酯（Dimethyl Carbonate，DMC）催化剂，使木质素状态发生改变，软化纤维，同时借助机械力的作用分离纤维；此过程中纤维和半纤维素无破坏，几乎全部保留。DMC催化剂（制浆过程中使用）主要成分是有机物和无机盐，其主要作用是软化纤维素和半纤维素，能够提高纤维的柔韧性，改性木质素（降低污染负荷）和分离出胶体和灰分。DMC清洁制浆法技术与传统技术工艺与设备比较具有

"三不"和"四无"的特点。

"三不"：① 不用愁"原料"（原料适用广泛）；② 不用碱；③ 不用高温高压。

"四无"：① 无蒸煮设备；② 无碱回收设备；③ 无污染物（水、汽、固）排放；④ 无二次污染。

（二）工艺流程

DMC制浆方法是先用DMC药剂预浸草料，使草片软化浸透，同时用机械强力搅拌，再经盘磨磨碎成浆，即经切草、除尘、水洗、备料、多段低温（60～70℃）浸渍催化、磨浆与筛选、漂白（次氯酸钙、过氧化氢）等过程制成漂白浆。其粗浆挤压后的脱出液（制浆黑液）明显呈强碱性（pH值为13～14，残碱含量大于15克/升），浸渍后制浆废液和漂白废水经处理后全部重复使用，污泥浓缩后综合利用。

（三）技术要点

① 草料经皮带输送机输送到切草机，切成20～40毫米，再转送到除尘器，将重杂质除去，然后送入洗草机，加入2%DMC药剂，经过洗草辊不停地翻动，把尘土洗净。

② 洗净的草料进入备料库后再转入预浸渍反应器，反应器加入2%DMC药剂，温度60℃，高速转动搅刀，使草料软化。

③ 预软化后的草料由泵输送到1#DMC动态制浆机，并依次输送到2#～5#，全程控温60～65℃，反应时间45～50分钟。

④ 制浆机流出的草料已充分软化和疏解，再用浆泵送入磨浆机，磨浆后浆料经加压脱水，直接进入浆池漂白，一漂使

用ClO₂，二漂使用H₂O₂，即制成合格的漂白浆粕。

⑤ 流出的DMC反应母液进入母液池，经固液分离，液相返回DMC贮槽，浆渣送外界供作他用。全程生产线不设排污管道，只耗水不排水，称"零"排污。

第二节 秸秆人造板材生产技术

一、技术概述

秸秆人造板是以麦秸或稻秸等秸秆为原料，经切断、粉碎、干燥、分选、拌以异氰酸酯胶黏剂、铺装、预压、热压、后处理（包括冷却、裁边、养生等）和砂光、检测等各道工序制成的一种板材。我国秸秆人造板已成功开发出麦秸刨花板，稻草纤维板，玉米秸秆、棉秆、葵花秆碎料板等多种秸秆产品（图5-3、图5-4）。

图5-3 秸秆人造板生产线

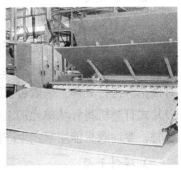

图5-4 秸秆生产的人造板

二、技术流程

农作物秸秆制板的工艺流程可归结为两种，即集成工艺和碎料板工艺。

1. 集成工艺流程

农作物秸秆→拆捆→清除杂质→加热挤压→贴保护再生纸（可加玻璃纤维层）→切割封边→成品板。

2. 碎料板工艺流程

农作物秸秆→拆捆→粉碎→清除杂质→研磨→与MDI（黏结剂）混合→铺装→预压及热压→齐边砂光→成品板。

三、技术要点

1. 原料准备

必须配备专门的原料贮场，最好要有遮棚，以防淋雨。为了防止原料堆垛发生腐烂、发霉和自燃现象，应控制好原料含水率，一般应低于20%。

2. 碎料制备

若为打包原料，需用散包机解包，再送入切草机，将稻秸秆加工成50毫米左右的秸秆单元；若原料为散状，则直接将其送入切草机加工成秸秆单元。为了改变原料加工特性，可以对稻秸秆进行处理，一般可以采用喷蒸热处理。工艺上通常用刀片式打磨机将秆状单元加工成秸秆碎料，若借用饲料粉碎设备时，要注意只能用额定生产能力的70%进行工艺计算。

3. 碎料干燥

打磨后的湿碎料需经过干燥将其含水率降低到一个统一

的水平。由于稻秸秆原料的含水率不太高，此外，使用MDI
胶时允许在稍高的含水率条件下拌胶，故干燥工序的压力不
大，生产线上配备1～2台转子式干燥机即可。

4. 碎料分选

干燥后的碎料要经过机械分选（可用机械振动筛或迴转
滚筒筛）进行分选，最粗的和最细的均去除，可用作燃料，中
间部分为合格原料，送入干料仓。

5. 拌胶

生产中采用异氰酸酯作为胶黏剂，施胶量为4%～5%，
若采用滚筒式拌胶机，要力求拌胶均匀，为防止喷头堵塞，在
每次停机后均需用专门溶剂冲洗管道和喷头。拌胶时还可以
加入石蜡防水剂和其他添加剂。拌胶后的碎料含水率控制在
13%～15%。

6. 铺装

需要注意在板坯宽度方向上铺装密度的均匀性，同时要
防止板坯两侧塌边。

7. 预压和板坯输送

为降低板坯厚度和提高板坯的初强度，生产线上配备了
连续式预压机，在流水线中，采用了平面垫板回送系统。

8. 热压

热压温度保持在200℃左右，单位压力在2.5～3.0兆帕，
热压时间控制在20～25秒/毫米。

9. 后处理

后处理包含冷却、裁边和幅面分割。经过必要时间后的

产品采用定厚砂光机进行砂光，保证板材厚度符合标准规定的要求。

10.检验

用国产化秸秆碎料板生产线制造的产品，其物理力学性能符合我国木质刨花板标准的要求，但甲醛释放量为零。

四、注意事项

1.原料含水率要控制

通常储存的原料含水率在10%左右，当年送到工厂的麦秸秆原料含水率在15%左右。由于使用异氰酸酯胶黏剂，允许干燥后的含水率稍高，在6%～8%，这就表明稻秸秆原料的干燥负载不大，一般仅相当于木质刨花板生产的40%～50%。所以，要根据具体情况设计干燥系统和进行设备选型，以避免造成机械动力、能源和生产线能力的浪费。

2.原料的收集、运输和贮存

秸秆是季节性农作物剩余物，收获季节在秸秆产区常发生地方小造纸厂、以秸秆为原料的生物发电厂和秸秆板企业之间争夺原料问题，如果没有地方政府行政干预，单凭秸秆板厂独立运作，很难实现计划收购；秸秆的特性是蓬松、质轻、易燃，即便打捆后运输也十分困难，如果秸秆运输半径大于50千米，则运输成本会大大增加；农作物秸秆含糖量比较多，因此易发生霉烂，不利于秸秆贮存。

3.生产过程中脱模问题

秸秆人造板生产使用异氰酸酯作为胶黏剂，虽然解决了脲醛树脂胶合不良的问题，但同时也存在热压表面严重粘板问题。目前国内解决粘板问题的方法主要为脱模剂法、物理隔离法和分层施胶法。此外，也有在板坯表面铺洒未施胶的细小木粉，隔离异氰酸酯胶与热压板和垫板的接触，从而达到脱模的效果。

4. 施胶均匀性问题

秸秆板以异氰酸酯为胶黏剂，考虑到异氰酸酯的胶合性能及其价格，施胶量一般控制在3%～4%，约为脲醛树脂施胶量的1/4。然而秸秆刨花的密度仅为木质刨花的1/4左右。要使如此小的施胶量均匀地分散于表面积巨大的秸秆刨花上非常困难，目前生产实践中采用如下两种施胶方法：一种是采用木刨花板拌胶机的结构，加大拌胶机的体积，以保证达到产量和拌胶均匀的要求；另外一种是采用间歇式拌胶的方法，使得秸秆刨花在充分搅拌情况下完成施胶过程。

5. 板材的养生处理及运输问题

秸秆刨花板往往热压后含水率偏低，置于温湿差异较大的大气空间中，过一段时间后，会吸湿膨胀而发生翘曲变形（薄板更为明显）。为了克服这种现象，需要对板材进行养生处理，消除板材内应力，均衡含水率，消除板材翘曲变形。

五、适宜区域

秸秆人造板材适宜于全国粮食主产区附近，即农作物秸秆资源量较大的区域，如河北、湖北、江苏、黑龙江、山东、四川、安徽等地。

第三节 秸秆复合材料生产技术

一、技术概述

秸秆复合材料就是以可再生秸秆纤维为主要原料，配混一定比例的高分子聚合物基料（塑料原料），通过物理、化学和生物工程等高技术手段，经特殊工艺处理后，加工成型的一种可逆性循环利用的多用途新型材料。这里所指秸秆类材料包括麦秸、稻草、麻秆、糠壳、棉秸秆、葵花秆、甘蔗渣、大豆皮、花生壳等，均为低值甚至负值的生物质资源，经过筛选、粉碎、研磨等工艺处理后，即成为木质性的工业原料，所以秸秆复合材料也称为木塑复合材料（图5-5、图5-6）。

图5-5　秸秆复合材料户外设施　　　图5-6　小麦秸秆生活用品

二、技术流程

秸秆复合材料工业化生产中所采用的主要成型方法有：

挤出成型、热压成型和注塑成型三大类。由于挤出成型加工周期短、效率高、设备投入相对较小、一般成型工艺较易掌握等因素，目前在工业化生产中与其他加工方法相比有着更广泛的应用。

此处重点介绍复合材料挤出成形工艺，从加工程序上分类，它可分为一步法和多步法。一步法是将复合材料的配混、脱挥及挤出工序合在一个设备或一组设备内连续完成；多步法则是把复合材料的配混、脱挥和挤出工序分别在不同的设备中完成，即先将原料配混制成中介性粒料，然后再挤出加工成制品。从成型方式上分类，它可分为热流道牵引法和冷流道顶出法。热流道牵引法主要用于以聚氯乙烯（PVC）为基料的发泡类室内装饰产品系列；而冷流道顶出法则多用于以聚乙烯（PE）、聚丙烯（PP）为基料的非发泡类户外建筑产品系列。

三、设备选型

秸秆复合材料的加工方式表面上与塑料加工方式基本没有什么区别，主要设备外观似乎也大致相同，但实际上秸秆复合材料的加工工艺要求及参数与塑料加工相距甚远。但由于目前国内仍然没有专业的秸秆复合材料装备生产厂家，所以秸秆复合材料生产装备一般来说还是要从塑料设备生产厂家采购，但其工艺参数绝对不同，装备配置和结构也有较大变化。目前可用于秸秆复合材料挤出成型的设备主要是螺杆挤出机。它是能将一系列化工基本加工单元和过程，如固体输送、增压、熔融、排气、脱湿、熔体输送和泵出等物理过程，集中在挤出机内的螺杆上来进行的机器，又分为单螺杆挤出机和双螺杆挤出机。

单螺杆挤出机作为一种常见的挤出设备，通常是完成物料的输送和塑化任务，在其有效长度上通常分为三段，按螺杆直径大小、螺距、螺深来确定3段有效长度，一般按各占1/3划分。但是，由于秸秆复合材料原料构成的特殊性，使得单螺杆挤出机在秸秆复合材料挤出中受到较大限制，必须采用特殊设计的螺杆，务必使螺杆应具有较强的原料输送和混炼塑化能力，才能适应生产需求。由于单螺杆机塑化能力所限，在实际应用中更多被用作造粒挤出设备。

相比单螺杆挤出机，双螺杆挤出机能使熔体得到更加充分的混合，因此应用更广泛。双螺杆挤出机依靠正位移原理输送和加工物料，它又可分为平行双螺杆挤出机和锥型双螺杆挤出机。平行双螺杆挤出机可以直接加工木粉或植物纤维，可以在完成木粉干燥后再与树脂熔融分开进行。锥型双螺杆挤出机与"配混"型设备比，其锥型螺杆的加料段直径较大，可对物料连续地进行压缩，可缩短物料在机筒内的停留时间，而计量段直径小，对熔融物料的剪切力小，这对于加工热塑性秸秆复合材料而言是一大优势，故被称为低速度、低能耗的秸塑形材挤出专用设备。

由于模压成形和注塑成形的主要机械基本都是现成的通用设备，而且在国内有诸多厂家产品可供选择，所以在此处不作专门介绍。应该注意的是，因为秸秆复合材料制备有许多自己的加工特点和要求，所以在选购时一定根据自己的工艺流程来挑选与之匹配的装备，而不能完全根据厂家的推荐来决定设备怎样购进。必要的时候，可以向厂家提出自己的工艺要求，以期在生产环节获得更大的自由度，更加有利产品质量和生产效率。

四、注意事项

与加工塑料比，秸秆复合材料生产有许多新的特性和要求，比如要求螺杆要能适应更宽的加工范围，对纤维切断要少，塑料原料处于少量时仍能使木粉均匀分散并与其完全熔融；由于木质材料比重小、填充量大，加料区体积要比常规型号的大且长；若木粉加入量大，熔融树脂刚性强，还要求有耐高背压齿轮箱；螺杆推动力强，应采用压缩和熔融快、计量段短的螺杆，确保秸秆粉体停留时间不至过长等。同时，秸秆复合材料在加工过程中的纤维取向程度对制品性能有较大的影响，所以必须要合理设计流道结构，以获得合适的纤维取向来满足制品的性能要求。此外，秸秆复合材料制品在相同强度要求下，厚度要比纯塑料制品大，且其多为异型材料，截面结构复杂，这使得其冷却较为困难，一般情况下采用水冷方式，而对于截面较大或结构复杂的产品，就需采用特殊的冷却装置和方法。

不管采用任何一种加工方式，模具对于秸秆复合制品的制造来说都是不可或缺的。基于秸秆复合材料的热敏感性，其模具一般采用较大的结构尺寸以增加热容量，使整个机头温度稳定性得以加强；而沿挤出方向尺寸则取较小值，以缩短物料在机头中的停留时间。除了模具的形状合理和参数的准确，模具表面的处理也十分重要，因为其关乎使用寿命和产品精度，特别是在挤出成型的加工方式中。

五、适宜区域

严格意义上，中国的秸秆纤维原料遍布于全国各地，基本没有空白地区可言。但在秸秆复合材料生产、销售的实际操作中，真正达到产业化应用要求，还面临许多实际困难。所以，应在相关单位的指导下，按照市场化原则合理利用资源，以免造成原料价格无理攀升。

秸秆复合材料的另一个特点是材料、制品的界限比较模糊，比如其板材可以单独作为栈道铺板，也可以仅仅是作为家具基材。从当前的技术水平及发展趋势，以及经济价值和推广应用来看，国内相关企业近期应该在以下领域开始规模化拓展：门、窗、家具、饰材、集成房屋和多功能板材。

第四节　秸秆块墙体日光温室构建技术

一、技术概述

秸秆块墙体日光温室是一种利用压缩成型的秸秆块作为日光温室墙体材料的农业设施。秸秆块是以农作物秸秆为原料，经成型装备压缩捆扎而成，秸秆块墙体是以钢结构为支撑，秸秆块为填充材料，外表面安装防护结构，内表面粉刷蓄热材料（或不粉刷）而成的复合型结构墙体。秸秆块墙体既具有保温蓄热性，还有调控温室内空气湿度、补充温室内二氧化碳等功效（图5-7、图5-8）。

二、技术流程

1. 秸秆块生产技术流程

农作物秸秆→晾晒→机压成型→自动捆扎→秸秆块。

2. 秸秆块墙体日光温室生产技术流程

开挖基础沟→浇筑墙体点桩→安装墙体立柱→堆砌秸秆块墙体→安装墙体围护结构→安装室温其他结构→秸秆块墙体日光温室。

图5-7 秸秆块　　　　　　图5-8 秸秆块墙体

三、技术要点

1. 秸秆筛选

制作秸秆块的秸秆可以是小麦、水稻、玉米等秸秆，但秸秆含水率太高会影响秸秆的使用寿命，需要进行自然晾晒，一般秸秆的含水率应控制在15%以下，秸秆块制作前后均需要做好防雨防水措施。

2. 秸秆块制作

秸秆块制作的质量直接关系到秸秆块墙体的使用寿命，需要综合考虑秸秆块方便堆砌，又要结合秸秆块的承重能力，还要保证秸秆块堆砌面平整，减少秸秆块间的缝隙。

3.秸秆块墙体制作

秸秆块墙体由支撑立柱和秸秆块堆砌而成，秸秆块墙体外侧需要安装防护结构以防秸秆块遭受雨淋而腐烂，对于温度要求较高的秸秆块墙体日光温室，在墙体内侧还需要粉刷或涂抹蓄热材料。

4.后屋面制作

秸秆块墙体日光温室后屋面保温材料不仅具有保温的作用，还具有保护秸秆块墙体的作用，防止雨水从秸秆块墙体顶部渗漏到秸秆块墙体中造成秸秆腐烂。

5.墙体基础制作

墙体基础需要具有隔热保温和支撑秸秆块墙体的双重作用，用于基础中的秸秆块可以适当增加密度，同时做好基础秸秆块的防雨防水工作。

四、注意事项

① 秸秆块在装卸及运输过程中易发生变形，墙体码砌时应对秸秆块形态进行调整，尽可能使之规整。相邻秸秆块码砌时如产生缝隙，应用草料填充并压实，以免形成空洞造成墙体内外空气对流，影响保温效果。

② 做好秸秆块及秸秆块墙体的防水工作，秸秆块压制过程中保证秸秆含水率在15%以下，生产的秸秆块和堆砌的秸秆块墙体做好防水防雨。日光温室后屋面上端要延伸至脊高顶端，下端延伸至墙体地平线外侧，以免雨水渗透至秸秆块墙体中造成秸秆腐烂。

③ 做好秸秆块墙体下端与墙体基础的连接以及墙体基础

的防水工作，日常使用过程中需要定期检查墙体秸秆块变形以及墙体下沉、开裂情况，出现下沉、开裂时应及时填充秸秆予以保证保温效果。

④ 生产过程中应注意观察外墙及外墙与后屋面对接处是否有破损情况，如有破损立即修补，以防下雨时雨水浸入墙体，导致秸秆受潮霉变。夏季高温休闲，温室前屋面揭膜后，应对墙体内侧采取防雨措施，如覆盖塑料膜、培高内墙基地，防止雨水淋湿墙体或地表水灌入墙体内。

⑤ 秸秆为天然生物质材料，属于易燃物。秸秆块温室在建造和使用过程，务必远离火源，并配备必要消防设施，如消防用水池（塘）、沙等，做好防火。温室内部电路要勤于检查，发现破损漏电现象及时修补，谨防火灾发生。

五、适宜区域

适用于北纬32°以北，特别是具有农作物秸秆收集能力的地区，推荐在最冷月均温在-10~0℃，日平均温度≤5℃的日数在90~145天的寒冷地区使用，例如河南、山东西南部、安徽中北部、江苏北部以及河北和甘肃等部分地区。

第六章
秸秆栽培食用菌技术

第一节　利用秸秆栽培香菇技术

香菇又名花菇、冬菇、香菌，是世界上著名的食用菌之一，在民间素有"山珍"之称。其味道鲜美、香气沁人、营养丰富（图6-1）。

图6-1　香菇

一、栽培季节与场地选择

香菇一般在气温为5～20℃时可接种，以月平均气温10℃左右时最为适宜。

栽培香菇的场地应选择在地势平坦、交通便利、空气清新、水质优良的地方上，有相适应的房屋和堆料场，配备蒸汽锅炉、灭菌灶、接种室、发菌房等。

二、原料和配方

选择晒干无霉变的作物秸秆和玉米芯，粉碎加工成颗粒直径3毫米以下的粗料。木屑为晒干的阔叶树木枝丫材粉碎成直径小于4毫米的颗粒。

可选用以下配方。

配方1：苎麻秸秆50％、阔叶树木屑33％、白糖1％、麦麸15％、磷肥1％，可以加入适量的硫酸镁以补充微量元素。

配方2：玉米秸秆粉40％、木屑38％、麦麸皮20％、生石灰粉2％。

三、装袋

原料按配方配制好后，加水混合均匀，不能使培养料有干颗粒存在。含水量达到60％后，必须马上进行装袋。菌袋采用常规的55厘米香菇菌袋，装袋要求：松紧适当，动作迅速，从加水到装袋完毕一般不要超过6小时，避免原材料发酵变酸，影响菌袋的成功率。

四、灭菌

将装袋完毕的菌袋迅速地放入灭菌锅内进行灭菌，料袋装锅时要留一定的空隙，或者采用"井"字形排垒，便于空气的流通，灭菌时不出现死角。一般从菌袋加热达到100℃不要超过4小时为好，所以开始加热升温要快，火要旺、要猛，否则会把培养料蒸酸蒸臭。等温度达到100℃后，要用中火保持此温度10~12小时，中途不能熄火降温，以免影响菌袋的成功率。最后用猛火攻，再停火焖一夜。

五、接种

接种将灭菌后的培养袋移入经过消毒灭菌的接种室，让其自然冷却。当菌袋温度降到30℃以下后，才可进行接种。接种前，关好门窗，打开消毒器，消毒40分钟；关机15分钟后，接种人员才能进入，接种要严格按照无菌操作进行。接种时，接种人的双手要经常用酒精消毒，除了拿菌种外，不能触摸任何物品；直接将菌种分成小枣般大小的菌块，迅速填入穴中，菌种要把接种穴填满。套外套的人员将香菇外套套在接种后的菌袋外面；进行堆码的人员，将套了外套的菌袋按照"井"字形进行堆码排放，排与排之间要留走道。

六、菌丝培养

菌丝培养是指从接种完毕到香菇菌丝长满菌袋并达到生理成熟的管理。接种后开始7~10天不要翻动菌袋，10~13天进行第一次翻袋。此时，将香菇菌袋的外套脱去，注意通风和换气，满足菌丝对氧气的要求；还要注意培养室的温度，注意降温，以免发生"烧袋"现象；同时注意检查杂菌污染情况，及时拣出进行处理。一般培养45~60天菌丝才能长满菌袋，此时还要进行培养，等菌袋内壁四周菌丝体出现膨胀，有皱褶和隆起的瘤状物，且逐渐增加，表明香菇菌丝生理成熟，才可以进行出菇管理。

七、出菇阶段管理

香菇菌丝进入生殖生长后，转色的深浅、菌膜的薄厚，都将影响香菇的产量和质量。

1.脱袋转色

香菇菌丝长满菌袋后，应增加培养室的光线，继续培养10天左右就可进行脱袋转色。脱袋时，用小刀将菌袋的菌膜割破，取出菌棒并及时摆放在出菇场，摆完1个床架要立即覆盖干净的薄膜。脱袋后要控制昼夜的温度，白天在20~26℃，晚上在10~16℃为宜，在夜间和凌晨通风。脱袋4~5天后开始揭膜透气，逐渐增加通风次数，一般每天通风3次，并给予散射光诱导。菌丝若出现吐"黄水"现象，应及时用1.5%石灰水冲洗，防止污染，并适当延长通风时间。

2.出菇管理

香菇经过转色，菌丝体完全成熟，在一定的条件刺激下，迅速进行子实体的分化和生长发育。

（1）催蕾

香菇属于变温结实的菌类。一般采取温差刺激，即拉大出菇室的昼夜温差，保证昼夜温差在5~10℃，即白天将温度拉高，夜晚将温度尽量拉低，一般经过3~4天，菌棒就会出现白色的裂纹，不久就会长出菇蕾。为利于香菇的生长，对过密的原基和菇蕾要进行必要的疏理。

（2）香菇生长期管理

不同温度类型的香菇菌株，其子实体生长发育的温度要求是不同的，多数菌株在8～25℃的温度范围都能生长，要求空气湿度保持在85%～90%，加强通风，保持空气清新，还要有一定的散射光。温度低时，子实体生长慢，但质量好；温度高时，子实体生长快，但菌盖薄、柄长，质量较一般（图6-2）。

图6-2　香菇出菇阶段

八、采收管理

1.香菇的采收

当子实体达七八分熟，菌膜破裂，菌盖还没有完全展开，边缘内卷，菌褶全部伸长，并由白色转为褐色时，为最佳采收期。采收过早将影响产量，采收过迟影响质量。

2.香菇采收后的管理

第一茬菇采收完后，要加大通风一次，使菌棒表面干燥。

然后停止喷水5～7天，让菌丝复壮。等采菇留下的凹点发白后，就可以给菌棒补水。补水后重新将菌棒排放，准备出第二茬菇。第二茬菇采收后又重复前面的管理。

第二节 利用秸秆栽培草菇技术

草菇，别名兰花菇、苞脚菇，草菇因常常生长在潮湿腐烂的稻草中而得名，多产于两广、福建、江西、台湾，肥大、肉厚、柄短、爽滑，味道极美（图6-3）。

图6-3 草菇

一、栽培季节与场地选择

草菇是属高温性真菌，且为恒温结实型菇类，对温度的变化反应敏感。所以在栽培时选择日最低温度23℃以上的季节

才可进行栽培。

秸秆栽培草菇室内、室外都可以进行。室内栽培可利用空闲农房、空闲工厂库房或专用蘑菇房进行床架立体栽培，要求光线充足，通风良好。室外栽培多以畦床栽培为主，也可床架栽培，要求选择通风向阳，供水排水方便，富含腐殖质的沙质壤土为宜的场地。在栽培过程中为达到高产稳产，必须设有保护性栽培设施，如遮阳网、塑料薄膜大棚、雾喷等必要设施。

二、原料和配方

用于草菇生产的原料很多，如锯木屑、棉籽皮、稻秸、玉米秸和玉米芯等，但以稻秸为原料效果最好，使用也较为普遍，也可用玉米秸或玉米芯。

可选用以下配方。

配方1：稻秸70%、马粪或牛粪10%、麸皮或米糠16%、尿素1%、石灰2%、过磷酸钙1%。

配方2：玉米秸或玉米芯65%、麸皮或米糠16%、食用菌废料15%、石灰2%、过磷酸钙1%、尿素1%。

三、原料的预处理和播种

采用稻秸型配方时，选用干燥、未经雨淋、无发霉的新鲜稻秸捆成"8"字形的小把（重约0.75千克），在栽培前一天，用水浸泡8～10小时，使其吸足水分变软后，便可叠堆。

播种时，先在畦前边沿播一圈菌种，然后将稻秸在菌种上铺成一圈，中间用乱草填平，踩踏结实，再在草层边沿播一圈菌种，铺一层草把，共铺4～6层，每层均向内缩4～5厘米，呈梯形。每层播种前，撒些散碎的马粪或牛粪、麦麸或米糠、石灰、过磷酸钙和尿素的混合物，混合物含水量调至60%，用石灰调pH值至7.0~7.4，并加盖一层乱草，最后在堆表面撒1~2厘米的泥土，并踩踏，使草把与菌种紧密结合。每50千克稻秸，用菌种5~8瓶。堆草全部结束时，覆盖塑料布及草，以保温保湿、防风雨及强光照射。

四、发菌阶段的管理

一般播种后2~3天，菌丝基本长透培养料，可以揭膜通风散热。当堆温下降到32~40℃时，即可开始出菇。如果草堆升温缓慢，不能达到40℃，可在堆表踩踏12次，但不加水，并加盖草帘或塑料薄膜。

草堆含水量必须达到65%~70%，可在畦地四周及空间经常喷水，使空气相对湿度达到85%~90%。下雨时，露地栽培的草堆应及时覆盖薄膜，雨停后，要立即揭膜，以免影响通风换气。

在草菇菌丝生长的前5天内，如用黑色薄膜或不透明覆盖物遮光，可使菌丝生长旺盛，出菇快，但5天后必须揭除，加强散射光。

五、出菇阶段管理

在正常情况下，从播种至出菇6~8天，堆周围可见密集的原基。当草菇现蕾后，要尽量少喷或不喷水，切忌向草堆直接喷大水，同时要停止踩踏，以免踩踏幼菇。在管理中发现鬼伞菌时，要立即摘除。

在生长过程中，由于培养料的发酵、菌体代谢，pH值会逐渐下降，而草菇又具有喜欢偏碱性的特性，因此，在每次采收后，应喷pH值为9～12的石灰水（图6-4）。

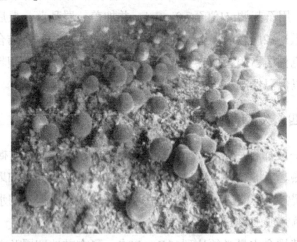

图6-4　草菇出菇阶段

六、采收管理

草菇现蕾后3～4天即可采收。每次采收后仍需覆膜3～4天，使其再次出菇。采下鲜菇及时用锋利小刀切除基部腐草和泥土等。

第三节　利用秸秆栽培平菇技术

平菇也称侧耳，是栽培广泛的食用菌。平菇性温、味甘，矿物质含量丰富，氨基酸种类齐全（图6-5）。

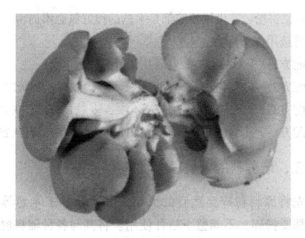

图6-5　平菇

一、栽培季节与场地选择

平菇发菌时间一般为30天左右，发菌期核心问题是控温。对于一般场地，稍加改造即可满足这个需求。所以，生产者要根据当地的气候特点妥善安排播种期，以发菌完成后的60天内白天菇棚温度在8～23℃为宜。

平菇抗杂能力强，生长发育快，可利用栽培的环境比较多，如闲置平房、菇棚、日光温室、塑料大棚、地沟等。可因地制宜，以利于发菌，易于预防病虫害，便于管理，能充分利用空间，提高经济效益为基本原则。

二、原料和配方

可用来栽培平菇的原料种类很多，几乎农林业的废料都可作为平菇栽培的主料，如各类农作物秸秆、皮壳，树枝树杈、刨花、碎木屑等。栽培平菇的辅料也很多，麦麸、米糠、豆饼

粉、棉仁饼粉、花生饼粉等都是平菇的很好氮源添加物。

可选用以下配方。

配方1：玉米芯80%，麦麸18%，石灰2%。

配方2：玉米芯80%，麦麸15%，玉米粉3%，石灰2%。

配方3：玉米芯40%，棉籽壳40%，麦麸18%，石灰2%。

配方4：棉秆粉40%，棉籽壳40%，麦麸18%，石灰2%。

三、培养料的预处理和发酵

先将原料粉碎至适宜的大小，如麦秸、玉米芯等，发酵前都要粉碎，不能整个秸秆使用。将其与各种辅料混合均匀，加水搅拌至含水量适宜后上堆，加盖覆盖物保温、保湿，每堆干料1 000～2 000千克。堆较大的中间要打通气孔。发酵期间要防雨淋。一般48～72小时后料温可升至55℃以上。此后，保持55～65℃ 24小时后翻堆，使料堆内外交换，再上堆，水分含量不足时可加清水至适宜。当堆温再升至55℃时计时，再保持24小时翻堆，如此翻堆3次即发酵完毕。发酵好的培养料有醇香味，无黑变、酸味、氨味、臭味。

四、制袋

使用低压聚乙烯塑料袋，以直径17厘米，厚0.4～0.5毫米，长55厘米为宜。按上述配方将培养料加水混合搅拌均匀，配制好后立即分装。分装要松紧适度，上下一致。分装好的袋子要整齐码放在筐中。

五、灭菌和接种

分装后菌袋应整筐立即上锅灭菌。装锅时注意不可码放过挤，以免蒸汽循环不畅，灭菌不彻底。由于量大，一般不使用高压锅，而使用自砌的土蒸锅进行常压灭菌。土蒸锅的大小以一次可装1 000千克干料量为宜，不宜太大。锅炉容量要充足，要求封锅后2小时内锅内物品下部空间达到100℃，维持锅内温度100℃ 10小时。

灭菌后要冷却至料温30℃以下时方可接种。可在发菌场所菇棚直接冷却。菌袋搬入前，场所要先行清扫除尘，地面铺消毒过的薄膜或编织袋，要整筐冷却。为了提高空间消毒效果，可在冷却的同时用气雾消毒盒进行空间消毒。一般大规模栽培时每锅灭菌1 000袋，冷却需要10小时以上。通常冷却至接种的适宜温度后，在菇棚接种。可以两头接种，也可以打孔接种。两头接种一般每袋栽培种接种20袋左右，打孔接种可以接种30袋左右。

六、发菌

发菌期要求条件与上述地面块栽相同。不同的是，菌袋不及菌块易于散热，因此，低温季节可以密度大些，以利升温，促进发菌；高温季节要密度小些，不可高墙码放，要特别注意随时观察料温并控制在适宜温度范围。发菌期管理要点是：每天观察温度，以便及时调整。温度较高的季节要特别注意料温，料中心温度不可超过35℃。菌丝长到料深3厘米左右后要翻堆，以利菌袋发菌均匀。菌丝长至1/3～1/2袋深时要刺孔透气。

七、出菇阶段管理

当菌袋全部长满后，要适当增加通风和光照，温度控制在

15~20℃，空气相对湿度保持85%~95%。当子实体原基成堆出现后，松开袋口，加盖塑料薄膜保湿。此时注意不可将子实体原基完全暴露在空气中。当中心子实体菌盖分化长到0.5厘米左右时，去掉塑料薄膜，将菇完全暴露在空气中（图6-6）。

图6-6　平菇出菇阶段

八、采收管理

根据市场要求确定采收时期，采收时要注意如下事项。

1. 轻采轻放

与其他食用菌相比较，平菇菌盖大，边缘较薄，采收和包装过程中菌盖极易破裂和破碎，特别是在温度较高的季节。此外，在运输过程中还会出现新的破裂和破碎，所以，要保证上市质量，要尽量在采收和包装过程中不损坏菌盖。这就要求采收时要轻拿轻放，包装时顺向平放。另外，采收用的盛装容器不要太深，以免菇体挤压菌盖破裂。

2. 采后清理

采后清理包括3个方面：一是清理菇体，去除污染；二是清理料面，去除菇根；三是清理地面，捡起随采收掉下的小菇和残渣废料。料面和地面不及时清理，易于滋生病虫害。

3. 预防孢子过敏

多数人对平菇孢子有不同程度的过敏反应。因此采收时应戴口罩。在使用有孢品种时，采收前的预防非常必要，主要措施是及时采收和喷水通风。目前大量栽培的品种多是少孢或孢子晚释品种，适当早采可有效地预防孢子过敏。

第四节　利用秸秆栽培双孢菇技术

双孢菇也称口蘑、圆蘑菇、洋蘑菇、白蘑菇等，是最常见的食用菌种之一，肉质肥厚（图6-7）。

图6-7　双孢菇

一、栽培季节与场地选择

合理地安排好生产季节是获得高产的重要前提。由于栽培场所、设备条件所限，因此，一般根据自然温度确定栽培时间，一般应在8—9月中旬开始发酵料。也可以根据当地的实际条件，在12月中旬以前播种，翌年春天出菇，避开春节前的出菇高峰，获得较高的收益。

根据双孢菇的品种特性及出菇过程中不需要光线的特点，栽培场所可用地沟棚、林拱棚、闲置的窑洞、菇房、塑料大棚、房屋、养鸡棚、养蚕棚、林地等。

二、原料和配方

双孢菇的主要栽培原料是作物秸秆和动物粪便。作物秸秆中稻秸、麦秸用得较多，玉米秸和豆类作物的茎秆等也可作为堆制培养料的材料。秸秆要求足干和无霉烂，贮存过程中要防潮防霉，使用前要暴晒几天。动物粪便主要以牛、鸡的粪便为主，羊、兔、猪、鸭等的粪便也可用来配制培养料。

可选用以下配方。

配方1：干稻麦草40%，干猪、牛粪55%，干菜籽饼2.5%，过磷酸钙0.5%，石膏1%，石灰1%。

配方2：干稻草88%，尿素1.3%，复合肥0.7%，菜籽饼7%，石膏2%，石灰1%。

三、秸秆的堆制发酵

1.秸秆发酵机理

发酵栽培即是将原料拌匀后，按一定规格要求建堆，进入发酵工艺。当堆温达一定要求后，一般要进行翻堆3~5次，翻堆要均匀。发酵过程注意打眼通气和保温保湿。培养料堆制发酵是有机物质在好气条件下，经多种微生物的作用，发生复杂的生物化学变化的过程。这个过程受堆肥材料、堆制场所、堆积方法、翻堆日程、含水量和微生物参与作用等的影响，而微生物起着特别重要的作用。

2.秸秆发酵料处理方法

双孢菇培养料一般采用二次发酵处理，也称前发酵、后发酵。前发酵在棚外进行，后发酵在消好毒的棚内进行，前发酵需要20天左右，后发酵需要5天左右，全部过程需要22~28天。二次发酵的目的是进一步改善培养料的理化性质，增加可溶性养分，彻底杀灭病虫杂菌，特别是在搬运过程中进入培养料的杂菌及害虫。因此，二次发酵也是关键的一个环节。

（1）培养料（麦秸、稻秸）预湿

有条件的可浸泡1~2天，捞出后沥去余水直接按要求建堆。浸泡时水中要放入适量石灰粉，每立方米水放石灰粉15千克。

（2）建堆

料堆要求宽2米、高1.5米、长度可根据种植量的多少决定。建堆时每隔1米立一根直径10厘米左右、长1.5米以上的木棒，建好堆后拔出，自然形成一个透气孔，以增加料内氧气，有利微生物的繁殖和发酵均匀。石膏与过磷酸钙能改善培养料的结构，加速有机质的分解，故应在第一次建堆时加入，石灰粉在每次翻堆时根据料的酸碱度适量加入。

堆料时先铺一层麦秸（大约25厘米厚），再铺一层粪，边铺边踏实，粪要撒均匀，照此法一层草一层粪地堆叠上去，堆高至1.5米，顶部再用粪肥覆盖。将尿素的1/2均匀撒在堆中部。

堆制时每层要浇水，要做到底层少浇、上部多浇，以次日堆周围有水溢出为宜。建堆时要注意料堆的四周边缘尽量陡直，料堆的底部和顶部的宽度相差不大，这样堆内的温度才能保持较好。料堆不能堆成三角形或近于三角形的梯形，因为这样不利于保温。在建堆过程中，必须把料堆边缘的秸秆收拾干净整齐，不要让这些秸秆参差不齐地露在料堆外面，这些暴露在外面的秸秆很快就会风干掉，完全没有进行发酵。

（3）翻堆（发酵）

翻堆的目的是为了使培养料发酵均匀，改善堆内空气条件，调节水分，散发废气，促进微生物的继续生长和繁殖，使全部培养料得到良好的分解、转化，有利培养料腐熟程度一致。第一次翻堆时将剩余的尿素、石膏、过磷酸钙均匀撒入麦秸（稻秸）堆中。

若料太干，要适量浇水，每次建好堆若遇晴天，要用草帘或玉米秸遮阳，雨天要盖塑料薄膜，以防雨淋，晴天后再掀掉塑料薄膜，否则影响料的自然通气。

从建堆到发酵结束，一般需要21天左右，建堆后到第一次翻堆约需5天，之后每次翻堆间隔的天数为4天、3天，第三次翻堆3天后进棚。但不能生搬硬套，如果只按天数，料温达不到70℃以上，同样也达不到发酵的目的。

发酵好的料呈浅咖啡色、无臭味和氨味、质地松软、失去韧性，但有弹性。

（4）后发酵（也叫第二次发酵）

后发酵过去一般是经过人为空间加温，使料加快升温速度。现在一般用塑料大棚栽培，通过光照自然升温就可以了。发酵好的料趁热移入棚内，堆成小堆，每堆数量刚好铺一床面。待料升温到60℃时，保持6小时，以进一步杀死杂菌与害虫，切勿超过70℃，以免伤害有益微生物。然后让料温降至52℃，保持4天，以促进微生物的生长繁殖，每天要通风两次，每次30分钟。若料偏干，可根据料的酸碱度喷石灰水。之后，开始铺料，料的厚度为25～30厘米，摊料时要轻轻拍实。

后发酵好的料应呈棕红色，且有大量白色粉末状放线菌，有甜面包味，含水量为60%～62%。用手握之，指缝中有水纹，且能握之成团，拌之即散，pH值在7.5左右。

四、发菌阶段

1. 播种

温度降至27℃以下时开始播种，一般用撒播，将菌种量的3/4均匀撒于料表面，用小叉子伸入料厚的一半，轻轻抖动，使菌种均匀分布到料内，然后将剩余的1/4菌种均匀撒于料表面上。播种后应覆盖一层报纸，如棚内湿度较大，保湿性能较好，可不盖报纸。

2. 发菌

从播种到覆土前是发菌阶段，此期间的温度应控制在20～25℃，空气相对湿度保持在70%左右，播种后1～2天，一般密闭不通风，以保温保湿为主，3天左右菌丝开始萌发，这时应加强通风，使料面菌丝向料内生长。菇棚干燥时，可向空中、墙壁、走道洒水，以增加空气湿度，减少料内水分挥发。

五、覆土材料的处理

土应取表面15厘米以下的土，经过烈日暴晒，以杀灭虫卵及病菌，而且可使土中一些还原性物质转化为对菌丝有利的氧化性物质。覆土最好呈颗粒状，小粒0.5～0.8厘米，粗粒1.5～2.0厘米，掺入1%的石灰粉，喷甲醛及0.05%的敌敌畏，堆好堆，盖上塑料薄膜闷24小时。然后掀掉薄膜，摊堆散发完药味即可覆土，土的湿度调节到手捏不碎、不黏。

15天左右，菌丝基本长满料的2/3，这时应及时覆土，覆土层的厚度应为2.5～3.0厘米。覆土后要用3天的时间喷水，目的是让土料充分吸收水分，但水不能渗到料里，喷水时要做到勤、轻、少。

六、出菇管理

覆土后20天左右开始出菇，温度保持在20～24℃，空气相对湿度在80%～85%，在此期间一般不能往料面上喷水。当菌丝布满料面时要喷重水，让菌丝倒伏，以刺激子实体的形成，此后停水2～3天，同时加大通风量。当菌丝扭结成小白点时，开始喷水，增大湿度。这时应加强通风，空气相对湿度保持在90%左右，温度控制在12～18℃，随着菇量的增加和菇体的发育而加大喷水量，喷水时要加强通风，高温时不能喷水，采菇前不能喷水。

当蘑菇长到黄豆大小时，须喷1～2次较重的"出菇水"，每天一次，以促进幼菇生长。之后停水2天，再随菇的长大逐渐减少喷水量，一直保持即将进入出菇高峰，再随着菇的采收而逐渐减少喷水量（图6-8）。

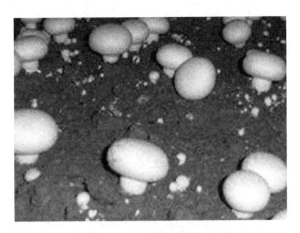

图6-8 双孢菇出菇管理

七、采后管理

每采完一茬菇后要清理料面，采过菇的坑洼处再用土填平，保持料面平整、洁净。处理完毕，再重喷一次1%的石灰水，之后按常规管理，7~10天又出现第二茬菇。

一般采收6~9茬菇，采完3茬菇后，应疏松土层，打洞，改善料内的通气状况，并在采菇后到新蕾长到豆粒大前喷施追肥。

第五节 利用秸秆栽培鸡腿菇技术

鸡腿菇又称毛头鬼伞，是鸡腿蘑的俗称，因其形如鸡腿，肉质肉味似鸡丝而得名，是近年来人工开发的具有商业潜力的珍稀菌品，被誉为"菌中新秀"。鸡腿菇营养丰富、味道鲜美，口感极好（图6-9）。

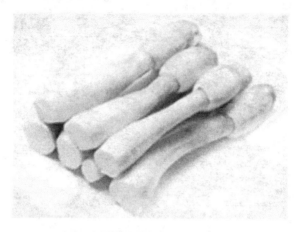

图6-9　鸡腿菇

一、栽培季节与场地选择

鸡腿菇菌丝生长适温20～28℃，以24～27℃生长最好。出菇温度范围9～28℃，但以12～18℃为适。16～22℃下子实体发生数量最多，产量最高。

栽培场地可选择在室内或室外大田、大棚，或者果树、农作物间进行套作。

二、原料和配方

应选择新鲜、干透、无霉烂的农产品下脚料，多种原料混合比单一原料效果好。稻草秸秆，要切成节8～10厘米长，麦秸压扁；棉花秸秆用棉柴粉碎机粉碎成长2厘米的丝条状，或用多功能粉碎机加工成粒径≤3毫米的棉柴粉；玉米秸秆用多功能粉碎机或还田机粉碎。晒干，贮存备用。稻草、棉籽壳均新鲜、干燥、无霉变。

可选用以下配方。

配方1：水稻秸秆、玉米秸秆各40%，牛、马粪15%，尿素0.5%，磷肥1.5%，石灰3%。

配方2：玉米芯88%，麸皮8%，尿素0.5%，石灰3.5%。

三、秸秆预处理和发酵

1. 原料预湿

切短的秸秆应于1～2天前将主要下脚料摊薄在水泥地上，喷洒1%～2%的少许石灰水，使其慢慢吸进大部分水分。一般料水比例1：（1～2）。

2. 拌料方法

先把稻草秸秆和棉籽壳（主料）与牛粪干料搅拌均匀，同时把辅料磷肥、石灰与水溶成的混合母液加入清水稀释后，倒入到主料中拌匀。

3. 发酵方法

采取合理的堆积方法，主料与辅料搅拌均匀后，把料堆成长不限、宽为2米、高为1米的堆。每隔15～20厘米，用尖头木棒从上至下打一深洞至料底，用草帘覆盖，大约在3天后，当料温升至35～45℃时进行翻堆。根据温度，一般情况下发酵7～15天，翻堆3～4次，等料变成咖啡色，无臭味、酸味为宜。

四、灭菌

培养料配方装袋压实后应该及时完成高压灭菌操作。灭菌并冷却后的菌袋，采取全开放式接种。操作工作严格按无菌操作要求进行。

五、引种和接种

引种应选用经过出菇试验、适于当地栽培、经省级以上农作物品种审定委员会登记的品种，从具有相应资质的供种单位引种。可根据市场需求选择不同色型的品种。接种时，接种者的双手要经常用酒精消毒，除了拿菌种外，不能触摸任何物品。

六、菌丝生长管理

接种完成进入发菌培养阶段。接种后的菌袋要及时搬进室内或大棚，高温季节菌袋应按井字形交叉排放，温度应掌握在25～28℃为宜。管理方面应注意干燥、通风、避光、保温4个要素。室内空气相对湿度不超过70%，否则易引起杂菌感染、虫害发生而造成损失。

七、出菇棚内的准备

大棚建成后，畦床一般做成南北向，高25厘米的土埂为作业通道，畦深20厘米，畦宽0.8～1.0米，长度不限，畦床地面要杀虫灭菌。地面用石灰2%、克霉净0.2%、敌敌畏200倍水液喷洒，进行灭菌、杀虫处理。

八、营养土的配制

鸡腿菇不覆土不出菇。营养土配制好坏，直接影响到菇的产量和质量。应选择保水性好、质地疏松、无杂质、无虫卵的土，加入0.1%的尿素、1%的磷肥、3%的石灰、0.1%的克霉净，pH值为7.5～8.5，土的湿度为45%，以手捏成团，触之即散为宜。拌好后用薄膜盖好，焖2~3天即可使用。

九、脱袋覆土

将发酵好的菌脱袋后横排埋入土中，菌袋上覆土2~3厘米，注意保持土层湿润，加强通风换气，一般覆土15~20天，菌丝即穿透土层出现原基。管理上主要掌握温度、湿度，如棚舍温度超过28℃以上时应降温，以增湿为主，加大通风量，菇棚温度控制在16~25℃。

十、出菇阶段管理

鸡腿菇菌袋菌丝长满后就可以进行催蕾出菇管理。该阶段菇房室内最适宜相对湿度为80%~95%，最适温度为13~16℃。大约1周（即7~8天）后即可出现原基，若温度在12~16℃的范围内，大约2周后才能出现原基。鸡腿菇菇蕾在温度12~18℃、相对湿度85%~90%生长势旺盛（图6-10）。随着子实体的长大，逐步加大喷水量。

图6-10　鸡腿菇出菇阶段

十一、采收管理

子实体5~6成成熟时采收，既对总产量影响不大，子实体品质又好，商品价值高，保鲜期长，耐运输。

第六节　利用秸秆栽培金针菇技术

金针菇以其菌盖滑嫩、柄脆、营养丰富、味美适口而著称于世。其营养丰富，清香扑鼻而且味道鲜美，深受大众的喜爱（图6-11）。

图6-11　金针菇

一、栽培季节与场地选择

利用简易菇棚和地沟拱棚栽培金针菇，宜安排在9—11月栽培，至次年3—4月结束生产。若采用冷库菇房设施栽培，则可进行周年生产。栽培设施建在地势平坦、通风良好、便于排水的地方，应利于控温、控湿、控光和防治病虫害。可采用简易栽培棚、地沟菇棚、冷库菇房设施栽培。

二、原料和配方

栽培金针菇的秸秆类原料有玉米芯、玉米秆、花生茎蔓、棉秆、豆秸、小麦秸、稻草等，要求干燥、纯净、无霉、无虫、无有害物。用其秸秆作金针菇栽培原料的作物，在收获前1个月不能施高残毒农药。棉秆粉经发酵后使用，粉碎粒度为0.3厘米左右。玉米等秸秆使用前经日光暴晒2~3天，粉碎，过筛（粒度为0.3~0.5厘米）。

栽培基质中不得随意或超量加入化学添加剂，可选用的添加剂主要有：过磷酸钙、磷酸二氢钾、石膏粉、轻质碳酸钙等，不得添加含有激素类或成分不明的混合型添加剂。

可选用以下配方。

配方1：玉米芯50%，棉籽壳27%，麦麸15%，大米糠7%，石膏粉1%。

配方2：玉米秸45%，豆秸25%，麦麸17%，玉米粉7%，棉籽饼粉5%，石膏粉1%。

配方3：花生茎蔓65%，棉籽壳15%，麦麸12%，玉米粉3%，棉籽饼粉3%，石膏粉1%，轻质碳酸钙1%。

配方4：棉秆粉45%，棉籽壳20%，麦麸18%，大米糠15%，石膏粉1%，轻质碳酸钙1%。

配方5：小麦秸（或稻草）50%，棉籽壳22%，麦麸20%，玉米粉6%，石膏粉1%，轻质碳酸钙1%。

三、拌料

拌料时应先将秸秆主料平摊于地面，然后再将麦麸、饼粉、玉米粉、石膏粉等辅料拌匀后均匀撒于主料上，经翻堆或搅拌，使主料与辅料充分混合，然后再加水拌和均匀。若气温高拌料时应加入适量的石灰粉，以免酸料。料水比一般在1：（1.15~1.25），以手紧握培养料时指缝间渗出1~2滴水珠为宜。拌好的培养料pH值应在6.8~7.2。

四、装袋

培养料拌好后经堆闷或发酵处理应及时装袋。栽培袋规格一般为17厘米×33厘米的低压聚乙烯或聚丙烯筒膜，应提前将一端袋口折封，装袋时边提袋边压实，另一端袋口多留长2~3厘米，扎口系活扣，每袋可装干料400~450克，装袋要松紧适宜。一批装袋须当天完成。

五、灭菌和接种

装袋完毕及时进行灭菌，防止培养料酸败，在0.15兆帕蒸汽压力下灭菌3小时或常压100℃蒸汽灭菌12小时，焖3~8小时以后将菌袋取出。

当菌袋温度冷却至25℃左右时接种。将菌袋及接种用具放入接种室内进行消毒，接种工具必须用75%酒精擦拭和酒精灯火焰灭菌，菌种瓶及封口用0.1%高锰酸钾溶液消毒。接种人员穿戴要干净卫生，手、工具要用75%酒精擦洗消毒，一般500毫升瓶装菌种接25~30袋，每袋接入栽培种20克左右，用颈圈和消毒棉塞封口。同一批灭菌的菌袋要一次性接完，接种后及时将菌袋移入培养室发菌。

六、发菌阶段管理

培养室应清洁、干燥、通风、遮光。培养室在菌袋移入之前要彻底消毒。发菌时将菌袋摆放到床架上遮光培养。培养室自然温度在20~25℃时，经35~40天菌丝可长满菌袋。若接种时间偏早，温度高菌丝生长弱，易污染杂菌，应采取降温发菌，室内温度超过27℃应立即通风并倒袋；若接种时间晚，室内温度低，可将菌袋堆码发菌，或采取升温措施。每隔7~10天将菌袋上、下互换位置，发现杂菌污染袋要及时集中处理。

七、出菇阶段管理

根据菇品种特性和菇房温度条件分批开袋。早熟品种先开袋，晚熟品种后开袋，温度适宜时早开袋。开袋时先松口而不撑口（图6-12）。

图6-12 金针菇出菇阶段

控制菇房内温度在12~15℃，空气相对湿度85%~90%，每天通风1~2次，每次通风时间20分钟，给予一定的散射光，经7天左右菇蕾即可形成。菇蕾出现后每天通风最少2次，每次20~30分钟，揭膜通风时要将膜上水珠抖掉。

抑菌的时间在现蕾后3~5天，菌柄长至1~2厘米时及时进行抑菌。抑菌期间温度降至6~8℃，停止喷水，空气相对湿度控制在85%左右，加大冷风通气量，每次通风0.5~1.0小时，使CO_2浓度达到0.11%~0.15%范围内，增加光照强度（可用40瓦日光灯）。通过上述条件3~4天的管理，子实体生长健壮、整齐、密集。

抑菌后将菇房温度调至7~13℃，最高不超过15℃；空气相对湿度应保持在85%~90%，适量向地面和空间喷水；及时套袋促使菇丛直立伸长，结合保湿轻通风，控制CO_2浓度在0.2%以下；以80~100勒克斯光照强度诱导菇丛整齐生长。

八、采收管理

经7~10天，即可采收。采收的标准是菌盖轻微展开，鲜销的金针菇应在菌盖6~7分开时采收，不宜太迟，以免柄基部变褐色，基部绒毛增加而影响质量。

第七节　利用秸秆栽培黑木耳技术

黑木耳又名木耳、云耳、黑耳子、木耳菇和黑菜等，是我国食用菌栽培史上栽培时间最长的品种。以往多采用木段为培养料，随着木材资源减少，人们开始用秸秆代替木段栽培木耳（图6-13）。

图6-13　黑木耳

一、栽培季节与场地选择

黑木耳是一种中温型菌类，适于夏、秋季栽培。根据各地栽培实践，在华北地区，1年中可生产2批。第一批，2月下旬至3月中旬（30天）生产原种；第二批5月下旬至10月中旬（60天）出耳。在华东地区，1年以生产1批为宜。生产日程的安排是：11月制原种，12月至翌年1月制菌袋，3月中旬至5月上旬出耳。

场房最好设在交通、能源方便，水源干净，空气清新，利于排水的地方，不要设在污染严重的地方。场房设计应有原料室、配料室、灭菌室、冷却室、接种室、培养室、贮藏室等。其设计上要考虑到生产流程，质量标准上要达到无菌条

件。场房规模可根据实际条件进行安排，但必备的设备有灭菌锅、接种箱和培养室。

二、原料和配方

栽培黑木耳常用的秸秆原料为稻秸、麦秸和玉米秸等。

可选用以下配方。

配方1：稻秸74%、米糠20%、黄豆粉3%、石膏2%、碳酸二氢钾1%。

配方2：麦秸74%、麦麸20%、黄豆粉3%、糖1%、石膏1%、碳酸二氢钾1%。

配方3：玉米秸73%、麦麸20%、黄豆粉3%、糖1%、石膏1%、碳酸二氢钾1%、硫酸镁1%。

三、秸秆预处理

稻秸、麦秸和玉米秸应无霉烂变质现象，秸秆表面有蜡质层及果胶质，不易吸水，使用前应将蜡层破坏，其处理方法如下。

（1）碾压法

把秸秆铺在地上，用石碾反复碾压，直到秸秆变软为止，常用于稻秸与麦秸处理。

（2）粉碎法

用筛底直径为10～20厘米的粉碎机将秸秆粉碎，常用于玉米秸处理。

（3）浸泡法

用3%～4%石灰水溶液浸泡秸秆3～4小时，然后捞起用清水冲去残渣，沥去多余水分，主要用于稻秸处理。

（4）发酵法

用浓度为3%左右的石灰水淋湿铺在地上的秸秆，并踩碾1次，然后堆起，堆成高1.5米、宽1.5米的发酵堆，每2天翻堆1次，翻3次后加入其他辅料，拌匀后，再装袋灭菌。

四、拌料

秸秆经过处理后，按配方与其他辅料拌匀。拌料时，先把不溶性物料堆成小堆状，进行预混合，再把可溶性物料溶于水，分次加入料中，反复搅拌，使水分渗入料中，结团的要散开并过筛。拌料时要严格控制含水量，培养料的标准含水量应为60%左右，用手抓培养料，用力握料，指缝间有水渗出但不成滴，伸开手指后料在手掌中成团，即为合适含水量。拌料时，还要注意pH值，培养料的pH值应为5.0～6.5。调整pH值时，先用石灰调节到8，经过灭菌后，pH值自然降到6左右。拌料时，为防止其他霉菌的感染，可用0.2%高锰酸钾溶液拌料，既有杀菌效果，又能为木耳提供生长所需的锰。

五、装料打穴

配制好的培养料要及时装袋，从原料配制到装料不要超过5小时，装料可以用机械，也可以手工操作，装料要结实，不留空隙，袋口要扎严，以防灭菌时薄膜内气体膨胀而使袋口敞开。一般每袋可装料0.5千克，装料后的袋子长40厘米。装完料后开始打穴，用打洞器在料袋正面打4～5个接种穴，穴口直径1.5厘米，深2厘米，并用食用菌专用胶布剪成3.25厘米×3.25厘米的小方块，贴封穴口，四周要压紧密封，不可有缝隙或翘角。

六、灭菌与接种

料袋装好后，在蒸仓内要逐层依次排放，前后排料袋间要留一定空隙，使蒸气流通顺畅，防止有灭菌死角。

加热开始应用旺火，要求在4小时内使温度达到100℃，并保持10~12小时，中间不得停火，不得降温。在灭菌过程中经常检查水位观察口，防止水干，及时加热水，切忌加入冷水。

灭菌完成后，要趁热卸袋，避免因延误时间而使蒸汽弄湿穴口上的胶布。卸袋时，要逐袋检查，发现松口或破袋，要及时扎牢，用胶布贴封。

经过灭菌后的料袋，待料温降到30℃以下时，搬入接种箱或接种室接种。接种在无菌条件下进行，器具消毒同香菇栽培中的操作。

接种操作时，一面启开袋口接种穴上的覆盖物，一面用接种匙或弹簧接种器从菌种瓶内提取1~2勺菌种，接种到穴内。接种量一般为5~10克，接入后顺手复原穴口上的封盖。菌种接入要迅速，尽量缩短暴露于空气的时间。

七、发菌阶段的管理

1~3天，为菌丝启动期，原接种点上有新长出的白色毛状物，此时要求菌袋重叠排放在培养架上，门窗遮光近似黑暗，静止培养菌袋，温度26~28℃，空气相对湿度55%~60%。

4~10天，菌丝吃料1~2厘米，此时要求菌袋排稀，距离2~3厘米。结合通风检查杂菌污染情况。此时温度24~26℃，空气相对湿度55%~60%，每天通风两次，每次30分钟。

11~15天，菌丝呈现白绒毛状，明显变白、变粗。此时要求菌袋上下调换位置，结合通风检查杂菌污染情况，温度23～24℃,空气相对湿度60%,每天早晚通风,每次30分钟,以通风散热。

16～25天,菌丝蔓延接种穴口四周,直径达8～12厘米。此时要求接种穴口的胶布皱折一小缝隙,以便通风增氧,温度23～24℃,空气相对湿度70%,每天早晚通风,每次30分钟。

26～35天,菌丝粗壮、浓白、分支密集。此时要求调换菌袋,同时检查杂菌污染情况,温度23～24℃,空气相对湿度70%,每天通风3次,每次40分钟,以通风散热,保持空气新鲜。

36～40天,菌丝纯浓白色,要求注意观察菌丝长势情况,衡量成熟程度。此时温度18～22℃,空气相对湿度75%,每天通风3次,每次40分钟。

41～50天,菌丝满袋白色,并有小量棕色米粒状耳基。此时温度18～22℃,空气相对湿度75%,每天通风3～4次,每次40～60分钟。

菌袋培养期间,若发现袋内有黄、红、绿、青等颜色斑块,即为杂菌,要用福尔马林注射患处,另室单独培养,可仍有一定的产量。如污染特别严重,应立即隔离,在远处深埋或烧掉。

八、出菇阶段管理

1.菌袋开洞

用纤维绳将菌袋串吊起来,每串间距8～10厘米,袋与袋之间距离不少于10厘米,一般每条绳上可吊10袋(图6-14)。菌袋经诱导出现少量耳芽后,温度在15℃左右时,即可开口催耳。开洞前,先去掉菌袋的颈圈和塑料布,将袋口向一侧内折后再卷到一块，然后用0.2%的高锰酸钾溶液洗袋面，待药液干后，用快刀片打洞。刀片一定要先用75%酒精消毒，洞穴以"V"字形为好，"V"字形每边长2厘米，划口深度一般2毫米，每袋穴口数以10～12个为宜，均呈"品"字形排列。

图6-14 黑木耳吊袋栽培

2.控制水分

菌袋开洞后，空气相对湿度经常保持在80%～90%，供水对木耳至关重要，分阶段进行管理。第一阶段，木耳原基形成期，此时不要直接向菌袋喷水，要向架的四周、吊绳余下空间、地面喷水，喷水时，不要将水喷到菌袋的开口处，以免造成菌袋内积水，耳茎腐烂。第二阶段，出现小耳芽，此时每天喷水1～2次，用喷雾器喷雾状水。第三阶段，成耳期，每天早、中、晚用喷雾器向地面、空中喷水，早上可向菌袋喷水，保证空气湿度不低于90%，如有雨天，可减少喷水次数。第四阶段，采收前一天，为保证木耳质量，要停止喷水。

3. 控制温度和光照

15～25℃是木耳子实体生长的最佳温度，特别是夏季高温季节，要注意遮阳，夜间加强通风，使温度不能超过26℃。此时还需要足够的散射光和一定的直射光，一般室内光线达到正常视力能看清报纸上的字，或再亮点即可。

4. 通风换气

此时要保持空气新鲜，尤其是温度、湿度大时，更要注意通风换气，促进耳片化。低温季节，夜间需关闭门窗，保温时应留有空气对流窗口，以保证有足够的新鲜空气。

九、采收管理

采收结束后，将原环割部位的培养料切除，再环割一圈约2厘米，剥去塑料袋，停水3～5天，待菌丝恢复后，再浇重水5～7天。所谓重水是指每天喷水3～5次，喷雾状水，使菌袋表面不积水，但又总是湿润，水分由表面向内部渗透。参照发菌阶段后期管理，15天后可出第二批木耳，再参考子实体阶段管理方法管理。

第八节　利用秸秆栽培灵芝技术

灵芝，属于灵芝菌科灵芝属，又叫红芝、灵芝草、丹芝、木灵芝和万年蕈等，具有很高的药用价值（图6-15）。

图6-15 灵芝

一、栽培季节与场地选择

灵芝栽培的最适温度25～30℃，栽培季节应选择在春秋两季，此时光照充足。灵芝栽培可在室内也可在室外，一般袋料栽培在室内，段木栽培在室外。

二、原料和配方

根据灵芝的生物学特性，含有纤维素、半纤维素的农副产品都是栽培灵芝的原料，其中以木屑、棉籽皮、稻秸和玉米秸常用，栽培方法中以袋栽法为主。

可选用以下配方。

配方1：稻秸75%、麦麸20%、石膏1%、黄豆粉2%、磷酸二氢钾1%、食盐1%。

配方2：麦秸76%、麦麸20%、石膏1%、磷酸二氢钾2%、尿素0.5%、硫酸锌0.5%。

三、拌料

按上述配方将主料称好，充分拌匀，然后将微量元素在水中溶解后，倒入料内，再逐渐加水，边加边搅拌，使含水量为60%。拌料后，用pH值试纸测定酸碱度，以7.5为宜，如果太酸或太碱时，用石灰或盐酸调至所需的pH值。

四、装袋与灭菌

目前用于栽培灵芝的塑料袋，根据材质分两种，一种是高压聚丙烯，用于高压灭菌；另一种是聚乙烯，用于常压灭菌。根据规格分两种，一种是17厘米×36厘米，适宜高温栽培；另一种是20厘米×37厘米，适宜低温栽培，厚度都是0.3～0.45毫米。

塑料袋两端要采用颈圈封口法，没有颈圈，可以用封包装箱的包装带制作，做法是将包装带截成17厘米长，用电烙铁烙成圆圈，或用钉书器钉成圆圈。塑料袋装完料后，把颈圈套袋口上，往回窝一个小边，做成瓶口样盖上塑料布盖，用绳扎紧。装料时，边装培养基边捣实，培养基要松紧适当，这样有利于彻底灭菌和菌丝迅速生长。高压灭菌在0.15兆帕压力下2小时，常压灭菌水开后8～10小时，再焖一夜。

五、接种与摆袋

待料袋冷却至30℃以下时，在无菌操作下接种。采用袋两头接种法，由两个人配合进行，一人解开料袋的捆绳，掀开颈圈上的封口塑料布，另一个人迅速挖两匙菌种置于料表面，然后迅速盖上封口塑料布，并扎紧。

接种后，要立即送大棚码垛发菌。要根据气温情况，决定码垛方式。湿度高时，采用"井"字形摆放，湿度低时，可采用卧放码高方式，可垛4~6层。大棚要保持黑暗状态。

接种后1~3天，为灵芝菌丝启动期。此时大棚温度要控制在25~28℃，空气相对湿度在55%~65%，保持大棚空气新鲜。

接种后4~7天，为吃料期。由于有氧呼吸作用，袋内温度升高，有时会高出环境温度3~5℃，这时要求加强通风换气，控制大棚温度在20~23℃。湿度与前期一样，而且不能进光，仍然静止培养，不要搬运菌袋。

接种后8~15天，为菌丝对数生长期。这时菌丝生长最快，要加强通风，每天早晚都要开启大棚的上下通风口。要倒垛。倒垛目的有两个，一是促进通风，二是检查菌丝，处理污染袋。重新码垛时，要把原上、下边的倒入中间，中间的倒入上、下边。此时大棚温度要控制在25~28℃。

六、脱袋与码墙

将发好菌的菌袋，从中间把塑料袋划开，脱去一半塑料袋，留一半塑料袋。

将脱半袋的菌袋横摆卧放，两排袋为一行，脱袋的一端向墙里边，没脱袋的一端向墙外，袋间距2厘米，两排间距3厘米，间隙用覆土填平，每摆一层，盖一层2~4厘米覆土，并铺平，可摆6~8层高。摆到一定高度后，上覆8~10厘米厚的覆土，土层做成槽形，两边各有一个小土埂，两垛间的行距为60厘米（图6-16）。

图6-16　灵芝菌袋码墙

七、出菇阶段管理

码垛后，大棚内要保持有一定散射光照。

码垛7天后，可去掉颈圈上的塑料盖，保持大棚内温度25～28℃，光照强度以能阅读报纸为宜，忌阳光直射，相对湿度在85%～90%。当菌袋表面呈白或浅黄色、袋口现原基时，打开袋口的塑料布，进新鲜空气，诱导原基生长。

开袋后6～7天，子实体原基就伸出袋口，先长出菌柄，继而在菌柄上分化出菌盖。这时可向菌盖上喷0.1%的胡敏酸1次，有利于菌盖生长。

此时子实体对湿度、通风要求增强，在保证温度25～28℃时，每天向棚内空间、地面及子实体喷水3～4次，保持空气湿度80%～95%。

八、采收管理

在收获灵芝前一周停止喷水，关闭通风门，并用塑料薄

膜覆盖隧道底部，以收集孢子粉。收集灵芝时，用剪刀将灵芝从手柄底部剪下，或者用手轻轻摘下，进行干燥，直到含水量达到12%，然后在干燥的房间里储存或出售。

第九节　利用秸秆栽培赤松茸技术

赤松茸又名大球盖菇、皱球盖菇、酒红球盖菇，俗称益肾菇、粗腿蘑（图6-17）。

图6-17　赤松茸

一、栽培季节与场地选择

根据赤松茸的生物学特性和当地气候、栽培设施等条件而定。在华北地区，如用塑料大棚保护，除短暂的严冬和酷暑外，几乎全年可安排生产。在较温暖的地区可利用冬闲田，采用保护棚的措施栽培。播种期安排在11月中下旬至12月初，使出菇的高峰期处于春节前后，或按市场需求调整播种期，使出菇高峰期处于蔬菜淡季或其他食用菌上市较少的季节。

场地应选择近水源，且排水方便的地方；在土质肥沃、向阳，而又有部分遮阳的场所。可以在菇房中进行地床栽培、箱式栽培和床架栽培，不适合集约化室内栽培。

二、原料和配方

赤松茸的栽培原料来源丰富，主要用水稻秸秆、玉米秸秆、小麦秸秆等生料栽培，这些原料在农村极易找到，且成本很低。并且栽培后废料还是优质的有机肥，可用于改良土壤。

可选用以下配方。

配方1：干纯稻草100%。

配方2：干纯麦秆100%。

配方3：大豆秆50%、玉米秆50%。

配方4：干稻草80%，干木屑20%。

配方5：干稻草40%、谷壳40%、杂木屑20%。

三、整地做畦与秸秆预处理

1. 整地做畦

先把表层的土壤取一部分堆放在旁边，供以后覆土用，然后把地整成垄形，中间稍高，两侧稍低，畦高10~15厘米、宽90厘米、长150厘米，畦与畦间距40厘米。

2. 秸秆的预湿

在建堆前麦草（水稻秸秆、玉米秸秆）必须先吸足水分，对于浸泡过或淋透了的麦草，自然沥干12~24小时，使含水量达70%～75%。可以用手抽取有代表性的一把麦草，将其拧紧，若草中有水滴渗出，而水滴是断线的，表明含水量适度；如果水滴连续不断线，表明含水量过高，可延长沥干时间；若拧紧后尚无水渗出，则表明含水量偏低，必须补足水分再建堆。

四、建堆播种

堆制菌床最重要的是把秸秆压平踏实。草料厚度20厘米，最厚不得超过30厘米，也不要小于20厘米。每平方米用干草量20～30千克，用种量600～722克。堆草时每一层堆放的草离边约10厘米，一般堆3层，每层厚约8厘米，菌种掰成鸽蛋大小，播在两层草料之间。播种穴的深度为5～8厘米，采用梅花点播，穴距10～12厘米。增加播种穴数，可使菌丝生长更快。

建堆播种完毕后，在草堆面上加覆盖物，覆盖物可选用旧麻袋、无纺布、草帘、旧报纸等。旧麻袋片因保湿性强，且便于操作，效果最好，一般用单层即可。大面积栽培用草帘覆盖也行。草堆上的覆盖物，应经常保持湿润，防止草堆干燥。

五、发菌阶段管理

温度、湿度的调控是栽培管理的中心环节，赤松茸在菌丝生长阶段要求堆温22～28℃，培养料的含水量70%～75%，空气相对湿度85%～90%。

播种后30天左右，菌丝接近长满培养料，这时可在堆上覆土，覆土厚度为2～3厘米。

六、出菇阶段管理

赤松茸出菇的适宜温度为12~25℃，温度低于4℃或超过30℃均不长菇。一般覆土后15~20天就可出菇，此阶段是赤松茸栽培的又一关键时期，主要工作的重点是保湿及加强通风透气。赤松茸出菇阶段空气的相对湿度为90%~95%（图6-18）。

图6-18 赤松茸出菇阶段

七、采收管理

在菌膜破裂、菌盖未展平前采收为宜。可收3~5茬菇，每茬相隔15~25天，每朵重100~200克。

参考文献

崔长玲，牛贞福. 2009. 秸秆无公害高效栽培食用菌实用技术[M]. 南昌：江西科学技术出版社.

蒋泓峰. 2016. 中国秸秆产业蓝皮书[M]. 北京：中国农业出版社.

梁文俊，刘佳，刘春敬. 2018. 农作物秸秆处理处置与资源化[M]. 北京：化学工业出版社.

佘玮. 2018. 秸秆综合利用技术[M]. 长沙：湖南科学技术出版社.

石祖梁，王飞. 2017. 秸秆综合利用技术手册[M]. 北京：中国农业出版社.

向天勇. 2015. 秸秆能源化利用实用技术[M]. 北京：中国农业出版社.